园林景观必修课

园林植物种植设计

陈开森　主　编

邓元德　欧雪婷　副主编

U0223973

化学工业出版社

·北京·

内 容 简 介

本书以提高园林行业人员从业技能为出发点，力求帮助读者解决工作中经常遇到的实际问题，突出与岗位紧密联系的特色。全书分为上、下两篇，上篇介绍园林植物种植设计的基础理论知识，包括园林植物的功能作用、设计特性、生态学知识、表现方法、设计程序等内容；下篇介绍不同类型绿地中植物种植设计的特点，并结合现行设计规范和主要图纸使读者了解实际工作中的出图要求。

本书内容简明扼要，通俗易懂，适合作为园林相关专业的培训教材，也可作为园林设计和施工人员的技术指导用书。

图书在版编目（CIP）数据

园林景观必修课：园林植物种植设计 / 陈开森主编. —北京：化学工业
出版社，2022.2（2025.2重印）
ISBN 978-7-122-40436-7

Ⅰ.①园… Ⅱ.①陈… Ⅲ.①园林植物-景观设计 Ⅳ.①TU986.2

中国版本图书馆 CIP 数据核字（2021）第 250355 号

责任编辑：毕小山　　　　　　　　　　文字编辑：蒋丽婷　陈小滔
责任校对：边　涛　　　　　　　　　　装帧设计：王晓宇

出版发行：化学工业出版社（北京市东城区青年湖南街13号　邮政编码100011）
印　　装：中煤（北京）印务有限公司
710mm×1000mm　1/16　印张15　字数290千字　2025年2月北京第1版第3次印刷

购书咨询：010-64518888　　　　　　售后服务：010-64518899
网　　址：http://www.cip.com.cn
凡购买本书，如有缺损质量问题，本社销售中心负责调换。

定　　价：78.00元　　　　　　　　　　　　　　　版权所有　违者必究

编写人员名单

主　编：陈开森

副主编：邓元德　欧雪婷

参　编：郭　华　黄　磊　林　艳　吴海燕

园林植物种植设计是风景园林设计专业学习领域的核心课程。本书紧紧围绕风景园林设计专业毕业生就业岗位的要求，以培养学生独立思考能力和动手绘图能力为目的，从园林植物种植设计理论到设计步骤，深入浅出地指导学生学习植物造景、种植设计、制图，为今后植物种植设计的具体操作提供规范性的指导。

《园林景观必修课：园林植物种植设计》分为上、下两篇，以"理论够用"为原则。上篇主要论述园林植物种植设计的基本理论，包括园林植物的功能作用、园林植物的设计特性、园林植物种植设计的生态学知识、园林植物的表现方法、园林植物种植设计的形式美法则、园林植物种植设计的形式和园林植物种植设计的程序等内容。下篇以实践项目为主，包括庭院绿地植物种植设计、道路绿地植物种植设计、居住区绿地植物种植设计和城市公园绿地植物种植设计等项目，采用任务驱动的编写思路，对企业的真实案例进行讲解，从简单到复杂，按植物种植设计的实际工作流程来组织教学内容，从而缩短理论与实践的差距，便于学生学习掌握，并在未来工作岗位中应用。下篇每章后附有思考与练习，有利于学生积极主动地学习。

本书力图贴近专业人才培养目标，贴近教学实践，贴近学生需求，内容丰富、通俗易懂、操作性及实用性强、简明实用，可为园林、风景园林、城市规划等专业的学生学习所用，也可供园林设计师、园林工程现场施工人员、园林工作人员、现场技术及管理人员等专业人士参考。

本书由陈开森主编并负责全书统稿，由邓元德、欧雪婷担任副主编。其中第 1 章和第 3 章由林艳编写，第 2 章由邓元德编写，第 4 章和第 9 章由郭华编写，第 5 章和第 8 章由吴海燕编写，第 6 章由欧雪婷编写，第 7 章和第 10 章由黄磊编写，第 11 章由陈开森编写。本书的编写参考了相关单位和个人的研究成果，在此表示衷心的感谢。

在本书的编写过程中，我们力求做到最好，但受成书时间和编者水平所限，书中难免会有不妥之处，敬请广大读者批评指正，以便今后修改完善。

编者

2021 年 6 月

上篇

下篇

第9章　道路绿地植物种植设计　/ 173

第10章　居住区绿地植物种植设计　/ 185

第11章　城市公园绿地植物种植设计　/ 214

上篇

（扫码下载本篇课件）

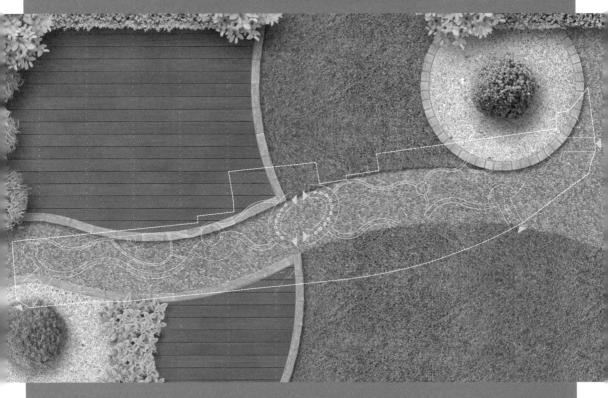

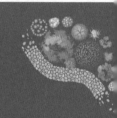

第1章

园林植物的功能作用

园林植物在景观中具有十分重要的功能，而并非仅是装饰物。一般来说，园林植物在室外环境中能发挥三种主要功能：生态功能、建造功能及美学功能（观赏功能）。生态功能是指植物能影响空气的质量，防治水土流失，涵养水源，调节气候。建造功能是指植物能在景观中充当像建筑物的地面、天花板、墙面一样的限制和组织空间的因素。这些因素影响和改变着人们视线的方向。在设计植物的建造功能时，植物的大小、形态、封闭性和通透性也是重要的参考因素。美学功能即观赏功能，是指植物因大小、形态、色彩和质感等特征，而充当景观中的视线焦点。也就是说，植物因其外表特征而发挥观赏功能。此外，在一个设计中，一株植物或一组植物，同时能发挥至少两种以上的功能。

1.1 园林植物的生态功能

绿地改善城市生态环境的作用，主要是通过园林植物的生态效益来实现的。群落化种植的绿地结构复杂、层次丰富、稳定性强，且防风、防尘、降噪、吸收有害气体的能力明显增强（图 1-1）。因此，在有限的城市绿地中尽可能多地建设植物群落景观，是改善城市环境、建设生态和谐园林的必由之路。园林植物对环境的生态作用主要体现在以下几个方面。

（1）改善气候

在夏季，有绿地区域的温度明显低于无绿地的区域。这是绿色植物对阳光直射的阻挡以及其所具有的蒸腾、散热等作用造成的。据测定，在夏季绿化地区内气温较非绿化地区低 3 ~ 5℃，比建筑物地区低 10℃左右。有数据表明，绿地面积每增加 1%，城市气温可降低 0.1℃。而在冬季，有植被覆盖的区域相比无植被覆盖的区域，其温度可增加 2 ~ 4℃。

图 1-1　植物的生态作用

（2）净化空气

城市绿地能够有效地净化空气，提高空气质量。一方面，大片的植被能使气流受阻，从而降低风速，使空气中的一些污染物沉降下来；另一方面，植物具有杀菌作用，绿地相对其他区域而言，其含菌量显著降低。

（3）降低噪声

噪声有损人体健康，在城市中已成为较为普遍的社会公害。根据测定，40m 宽的林带可以减少噪声 10 ～ 15dB，而城市公园里成片的树林可使噪声降低 26 ～ 43dB。在没有树木的大街上，噪声要比树木葱郁的大街增加 4 倍。

（4）保持水土

绿地有致密的地表覆盖层和地下树、草根层，因此有着良好的固土作用。据报道，草类覆盖区的泥土流失量是裸露地区的 1/4。据有关部门测算，每亩（1 亩 ≈ 666.67m²）绿地平均比裸露土地多蓄水 20m³ 左右。所以说，千万亩绿地无疑是一座硕大的地下水库。

（5）吸收二氧化碳，制造氧气

人们维持生命所需的氧气，就是绿色植物吸收了空气中的二氧化碳，并通过光合作用释放出来的，因此绿色植物无疑是人类生存的基础。

1.2　园林植物的建造功能

园林植物的建造功能对室外环境的总体布局和室外空间的形成非常重要。在设计过程中，首先要研究的因素之一便是园林植物的建造功能。建造功能在设计中确定以后，才考虑其观赏特性。园林植物在景观中的建造功能是指它能充当的构成因素，就像建筑物的地面、天花板、围墙、门窗一样。从构成角度而言，园林植物是一个设计或一个室外环境的空间围合物。然而，"建造功能"一词并非是将园林植物的功能仅局限于机械的、人工的环境中，在自然环境中，园林植物同样能成功地发挥它的建造功能。下面将讨论园林植物建造功能中值得注意的几个方面。

1.2.1 构成空间

空间感是指由地平面、垂直面以及顶平面单独或共同组合成的具有实在的或暗示性的范围围合。植物可以用于空间中的任何一个平面，在地平面上，以不同高度和不同种类的地被植物或矮灌木来暗示空间的边界。在此情形中，植物虽不是以垂直面上的实体来限制空间，但它确实在较低的水平面上划定了范围。一块草坪和一片地被植物之间的交界处，虽不具有实体的视线屏障，但却暗示着空间范围的不同。

在垂直面上，植物能通过几种方式影响空间感。树干是影响空间围合的第一个因素。树干如同直立于外部空间中的支柱，它们多是以暗示的方式，而不仅仅是以实体限制着空间。其空间封闭程度随树干的大小、疏密以及植物的种植形式而不同。树干越多（如自然界中的森林），那么空间围合感就越强。树干暗示空间的例子在下述情景中也可以见到：如种满行道树的道路，乡村中的植篱或小块林地。即使在冬天，无叶的枝丫也能暗示空间的界限。

植物的叶丛是影响空间围合的第二个因素。叶丛的疏密度和分枝的高度影响空间的闭合感。阔叶或针叶越浓密、体积越大，其围合感越强烈。而落叶植物的封闭程度，随季节的变化而不同。在夏季，浓密树叶的树丛，能形成一个个闭合的空间，从而给人一种内向的隔离感；而在冬季，同是一个空间，则比夏季显得更大、更空旷。因植物落叶后，人们的视线能延伸到所限制的空间范围以外的地方。在冬天，落叶植物靠枝条暗示空间范围，而常绿植物则能够在垂直面上形成周年稳定的空间封闭效果。

植物同样能限制、改变一个空间的顶平面。植物的枝叶犹如室外空间的天花板，限制了伸向天空的视线，并影响垂直面上的尺度。当然，此间也存在着许多可变因素，例如季节、枝叶密度以及树木本身的种植形式。当树冠相互覆盖、遮蔽阳光时，其顶面的封闭感最强烈。在城市景观布局中，树木的种植间距应为 3～5m，如果超过了 9m，便会失去视觉效应。

如图 1-2 所示，空间的三个构成面（地平面、垂直面、顶平面）在室外环境中，以各种变化方式互相组合，形成各种不同的空间形式。但不论在何种情况中，空间的封闭度是随围合植物的高矮、大小、株距、密度以及观赏者与周围植物的相对位置而变化的。例如，当围合植物高大、枝叶密集、株距紧凑，并与赏景者距离近时，就会显得空间非常封闭。

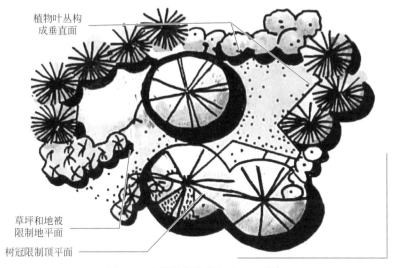

植物叶丛构
成垂直面

草坪和地被
限制地平面

树冠限制顶平面

图 1-2　由植物材料限制的室外空间

在运用植物构成室外空间时，和利用其他设计因素一样，设计师应首先明确设计目的和空间性质（开旷、封闭、隐秘、雄伟等），然后才能相应地选取和组织设计所要求的植物。一般来说，由园林植物构成的景观空间可以分为以下几类。

1.2.1.1　开敞空间

仅用低矮灌木及地被植物作为空间的限制因素。这种空间四周开敞，外向，无隐秘性，并完全暴露于天空和阳光之下（图 1-3）。

图 1-3　开敞空间

1.2.1.2　半开敞空间

空间的一面或多面受到较高植物的封闭，限制了视线的穿透（图 1-4）。这种空间与开敞空间有相似的特性，不过开敞程度较小，其视线指向封闭较差的开敞面。这种空间通常适于用在一面需要隐秘性，而另一面又需要景观的居民住宅环境中。

图 1-4　半开敞空间

1.2.1.3　覆盖空间

利用具有浓密树冠的遮阴树，构成一个顶部覆盖而四周开敞的空间（图 1-5）。一般说来，该空间为夹在树冠和地面之间的宽阔空间，人们能穿行或站立于树干之中。从建筑学角度来看，犹如我们站在四周开敞的建筑物底层中或有开敞面的车库内。在风景区中，这种空间犹如一个去掉低层植被的城市公园。由于光线只能从树冠的枝叶空隙及侧面渗入，因此在夏季显得阴暗，而冬季落叶后显得明亮较开敞。这类空间较凉爽，视线通过四边出入。另一种类似于此种空间的是"隧道式"（绿色走廊）空间，是由道路两旁的行道树交冠遮阴形成（图 1-6）。这种布置增强了道路直线前进的运动感，使人们的注意力集中在前方。当然，有时视线也会偏向两旁。

图 1-5　覆盖空间

图 1-6　"隧道式"空间

1.2.1.4 完全封闭空间

如图 1-7 所示，这种空间与前面提到的覆盖空间相似，但最大的差别在于这类空间的四周均被中小型植物所封闭。这种空间常见于森林中，十分黑暗，无方向性，具有极强的隐秘性和隔离感。

图 1-7　完全封闭空间

1.2.1.5 垂直空间

运用高而细的植物构成一个方向直立、朝天开敞的室外空间（图 1-8）。此空间垂直面较封闭，顶平面开敞，其垂直感的强弱，取决于四周开敞的程度。此空间就像教堂，令人翘首仰望，将视线导向空中。这种空间尽可能用圆锥形植物，越高处的空间越大，而树冠则越来越小。

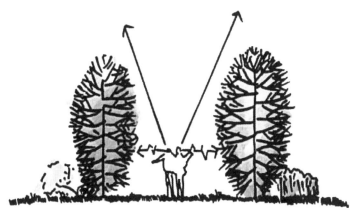

图 1-8　垂直空间

简而言之，仅借助于植物材料作为空间限制的因素，就能建造出许多类型不同的空间。图 1-9 是这些不同类型空间在一个小型绿地上的组合示意图。

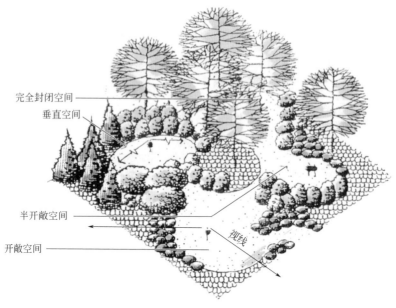

完全封闭空间

垂直空间

半开敞空间

开敞空间

视线

图 1-9　各种类型空间的组合示意图

　　不仅可以借助植物材料造出各种具有特色的空间，也可以用植物构成相互联系的空间序列。植物就像一扇扇门，一堵堵墙，引导游人进出和穿越一个个空间。在发挥这一作用的同时，植物一方面改变空间的顶平面的遮盖，一方面有选择性地引导和阻止空间序列的视线。植物能有效地"缩小"空间和"扩大"空间，形成欲扬先抑的空间序列。设计师在不变动地形的情况下，可以利用植物来调节空间范围内的所有方面，从而创造出丰富多彩的空间序列。

　　以上是植物材料在景观中控制空间的作用。但应该指出的是，植物通常与其他要素相互配合共同构成空间轮廓。例如，植物可以与地形相结合，强调或消除由于地平面上地形的变化所形成的空间（图1-10）。如果将植物植于凸地形或山脊上，便能明显地增加地形凸起部分的高度，随之增强了相邻的凹地或谷地的空间封闭感。与之相反，若植物被植于凹地或谷地内的底部或周围斜坡上，它们将减弱和消除最初由地形所形成的空间。因此，为了增强由地形构成的空间效果，最有效的办法就是将植物种植于地形顶端、山脊和高地，与此同时，为了让低洼地区更加空透，最好不要在此处种植物。

　　植物还能改变由建筑物所构成的空间。植物可将各建筑物所围合的大空间再分隔成许多小空间。例如在城市环境和校园布局上，在楼房建筑构成的硬质的主空间中，用植物材料再分隔出一系列亲切的、富有生命的次空间（图1-11）。如果没有植物，城市环境无疑会显得冷酷、空旷、无人情味。乡村风景中的植物同样有类似的功能，林缘、小林地、灌木树篱等，都能将乡村分隔成一系列空间。

(a) 植物减弱和消除由地形构成的空间

(b) 植物增强由地形构成的空间

图 1-10　植物的空间控制作用

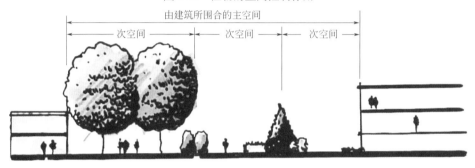

图 1-11　植物的空间分隔作用

　　从建筑角度而言，植物也可以被用来完善由建筑或其他设计因素所构成的空间范围和布局。

　　① 围合：就是完善由建筑物或围墙所构成的空间范围。当一个空间的两面或三面是建筑和墙，剩下的开敞面则用植物来完成整个空间的围合或完善（图 1-12）。

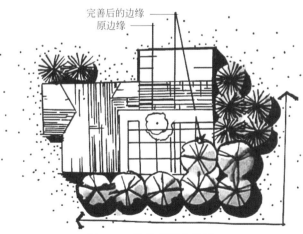

图 1-12　植物的围合作用

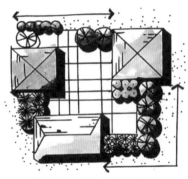

图1-13 植物的连接作用

② 连接：连接是指植物在景观中，将其他孤立的元素连成完整的室外空间。像围合那样，运用植物材料为其他孤立元素所构成的空间提供更多的围合面。连接是线形种植植物的方式，将孤立的元素有机地联系在一起，完成空间的围合。图1-13是一个庭院图示，该庭院最初由建筑物所围成，但最后的完善，是以大量的乔灌木将各孤立的建筑有机地连接起来，从而构成连续的空间围合。

1.2.2 障景作用

构成空间是植物的建造功能之一，它的另一个建造功能为障景作用。植物材料如直立的屏障，能控制人们的视线。障景的效果依景观的要求而定，若使用不通透植物，能完全屏障视线，而使用不同程度的通透植物，则能达到漏景的效果。为了取得有效的植物障景效果，必须首先分析观赏者所在位置、被障物的高度、观赏者与被障物的距离以及地形等因素。所有这些因素都会影响所需植物屏障的高度、分布以及配置。就障景来说，较高的植物虽在某些景观中有效，但它并非占有绝对优势。因此，研究植物屏障各种变化的最佳方案就是沿预定视线画出区域图。然后将水平视线长度和被障物高度准确地标在区域内。最后，通过切割视线，就能确定屏障植物的高度和恰当的位置了。在图1-14中，A点为最佳位置。当然，假如视线内需要更多的前景，B点和C点也是可以考虑的。除此之外，另一个需要考虑的因素是季节。如果在各个季节中，植物都要作为障景的话，则常绿植物能达到这种永久性的屏障作用。

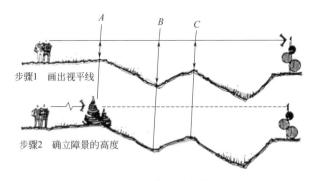

图1-14 植物的障景作用

1.2.3 私密性控制作用

与障景大致相似的作用，是控制私密性的功能。私密性控制就是利用阻挡人们视线高度的植物，对明确的所限区域进行围合。私密性控制的目的，就是将空间与其环境完全隔离开。私密性控制与障景二者间的区别，在于前者围合并分割一个独立的空间，从而封闭了所有出入空间的视线。而障景则是利用植物屏障，有选择地屏蔽视线。私密空间杜绝任何在封闭空间内的自由穿行，而障景则允许在植物屏障内自由穿行。在进行私密场所或居民住宅的设计时，往往要考虑到私密性控制（图 1-15）。

(a) 障景作用   (b) 私密性控制作用

图 1-15　植物的私密性控制作用与障景作用的区别

由于植物具有屏蔽视线的作用，因而私密性控制的程度，将直接受植物的影响。如果植物的高度大于 2m，则空间的私密感最强。齐胸高的植物能提供部分私密性（当人坐于地上时，则具有完全的私密感）。而齐腰的植物是不能提供私密性的，即使有也是微乎其微的。

1.3　园林植物的美学功能

从美学的角度来看，植物可以在外部空间内，将一幢房屋与其周围环境融合在一起，统一和协调环境中其他不和谐因素，突出景观中的景点和分区，减弱构筑物粗糙呆板的外观，以及限制视线。这里应该指出，我们不能将植物的美学作用仅局限在将其作为美化和装饰材料的意义上。下面将详细叙述植物的重要美学作用。

1.3.1　完善作用

植物通过重现房屋形状和块面的方式，或通过将房屋轮廓线延伸至其相邻的周围环境中的方式，来完善某项设计和为设计提供统一性。例如，一个房顶的角度和高度均可以用树木来重现，这些树木具有房顶的同等高度，或将房顶的坡度延伸融汇在环境中［图 1-16（a）］。反过来，室内空间也可以直接延伸到室外环境中，方法就是利用种植在房屋侧旁、具有与天花板同等高度的树冠［图 1-16（b）］。所有这些表现方式，都能使建筑物和周围环境相协调，使之从视觉上和功能上看上去是一个统一体。

(a) 植物与建筑互补，植物延长建筑轮廓线

(b) 树冠的下层延续了房屋的天花板，使室内外融为一体

图 1-16　植物的完善作用

1.3.2　统一作用

植物的统一作用，就是充当一条普通的导线，将环境中所有不同的成分从视觉上连接在一起。在户外环境的任何一个特定地点，植物都可以充当一种恒定因素，其他因素变化而自身始终不变。正是由于它的这种永恒不变性，能够将其他杂乱的景色统一起来。这一功能运用的典范，体现为城市中沿街的行道树。街道上每一间房屋或商店门面都各自不同，如果沿街没有行道树，街道上的建筑会显得分散零乱 [图 1-17（a）]。如果沿街有行道树，其可充当各建筑间的联系成分，从而将所有建筑物从视觉上连接成一个统一的整体 [图 1-17（b）]。

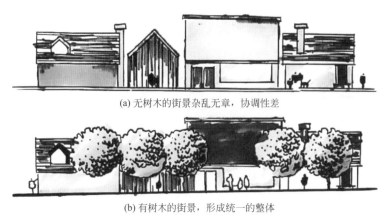

(a) 无树木的街景杂乱无章，协调性差

(b) 有树木的街景，形成统一的整体

图 1-17　植物的统一作用

1.3.3　强调作用

　　植物的另一个美学作用，就是在户外环境中突出或强调某些特殊的景物。植物的这一功能是借助它截然不同的大小、形态、色彩或与邻近环绕物不相同的质感来实现的。植物的这些相应的特性格外引人注目，它能将观赏者的注意力集中到其所在的位置。因此，鉴于植物的这一美学功能，它极其适合用于公共场所出入口、交叉点、房屋入口附近，或与其他显著可见的场所相互联合起来（图1-18）。

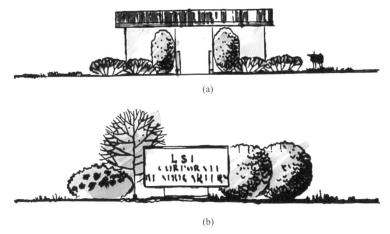

(a)

(b)

图1-18　植物的强调作用

1.3.4　识别作用

　　植物的另一个美学作用是识别作用，这与强调作用极其相似。植物的这一作用，就是指出或突出一个空间或环境中某景物的重要性和位置（图1-19），植物能使空间更显而易见，更易被认识和辨明。植物特殊的大小、形状、色彩、质感或排列都能发挥识别作用，比如种植在一件雕塑作品后面的高大树木。

图1-19　植物的识别作用

1.3.5　软化作用

　　植物可以用在户外空间中软化或减弱形态粗糙及僵硬的构筑物。无论何种形态、质感的植物，都比那些呆板、生硬的建筑物和无植被的城市环境更显得柔和。被植物所柔化的空间，比没有植物的空间更诱人，更富有人情味。

1.3.6　框景作用

植物对可见或不可见的景物，以及对展现景观的空间序列，都具有直接的影响。植物以其大量的叶片、枝干封闭景物两旁，为景物本身提供开阔的、无阻拦的视野，从而达到将观赏者的注意力集中到景物上的目的。在这种方式中，植物围绕在景物周围，形成一个景框，以将照片和风景油画装入画框的传统方式，将风景框起（图 1-20）。

图 1-20　植物的框景作用

第2章

园林植物的设计特性

　　植物种植设计是园林景观设计的重要组成部分，它决定植物造景的方式、造价，植物的种类选取、规格大小、数量，植物与各基础设施的位置、与相邻环境的协调等。因此，设计人员在进行植物种植设计时，除了考虑植物的建造功能、生态功能，还应更多关注植物的大小、植物的色彩、植物的形态、植物的质感及季相变化等（图 2-1）。这些直接影响景观设计的效果。本章主要叙述与景观设计相关的植物的设计特性。

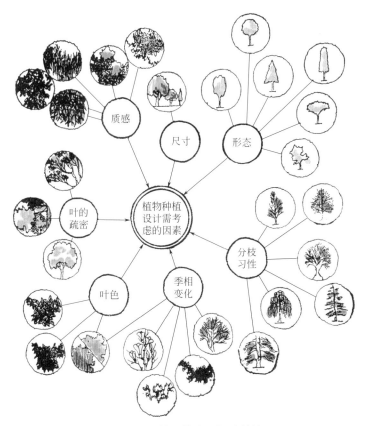

图 2-1　园林植物主要设计特性

2.1 植物的大小

植物的大小是园林植物最重要的设计特性之一。因此，在为设计选择植物素材时，应首先对其大小进行推敲。植物的大小直接影响着空间范围、结构关系以及设计的构思与布局。

按照高度、外观形态可以将植物分为乔木、灌木、地被三大类；如果对成龄植物的高矮再加以细分，可以分为大乔木、中乔木、小乔木、大灌木、中灌木、矮灌木、地被等类型，如图 2-2 所示。

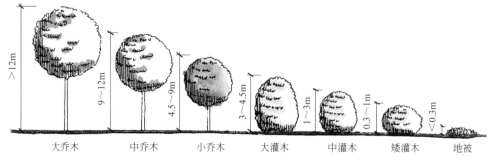

图 2-2　植物按大小分类

2.1.1 乔木

乔木是指有一个直立主干，树干和树冠有明显区分，且通常高达 4.5m 以上的木本植物。

2.1.1.1 大中型乔木

从大小以及景观中的结构和空间来看，景观中最重要的植物便是大中型乔木。大乔木的高度在成熟期超过 12m，而中乔木最大高度可达 9 ～ 12m。大中型乔木主要包括：樟、榕树类、白兰、木棉、美丽异木棉、银杏、朴树、雪松等。下面列举大中型乔木在景观中的一些功能。

▲ 图 2-3　大中型乔木的焦点作用

这类植物因其高度和覆盖面积，而成为显著的观赏因素。它们就像一幅画的骨架，能构成室外环境的基本结构，从而使布局具有立体轮廓。

在一个布局中，当大中型乔木居于较小植物之中时，它将占有突出的地位，成为视线的焦点（图 2-3）。大中型乔木作为结构因素，其重要性随着室外空间的增大而越加突出。在空旷地或广场上举目而视，大乔木将首先进入眼帘。而较小的乔木和灌木，只有在近距离观察时，才会得到注意和鉴赏。因此，在进行设计时，应首先确立大中型乔木的位置，这是因为它们的配置将会对设计的整体结构和外观产生较大的影响。只有较大乔木被定植以后，小乔木和灌木才能得以安排，以完善和增强大乔木形成的结构和空间特性。较矮小的植物就是在较大植物所构成的总体结构中，展现出更具人格化的细腻装饰作用。由于大乔木极易超出设计范围和压制其他较小因素，因此，在小的庭园设计中应慎重使用大乔木。

大中型乔木在环境中的另一个建造功能，便是在顶平面和垂直面上封闭空间。这样的室外空间感，将随树冠的实际高度而产生不同程度的变化。如果树冠离地面3～4.5m 高，空间就会显示出足够的人情味，若离地面 12～15m，则空间就会显得高大，有时在成熟林中便能体会到这种感觉。大中型乔木在分隔那些最初由楼房建筑和地形所围成的、开阔的城市和乡村空间方面，也非常有用。此外，树冠群集的高度和宽度是限制空间边缘和范围的关键因素。

大中型乔木在景观中还被用来提供阴凉。夏季，当天气变得炎热时，室外空间和建筑物直接受到阳光的暴晒，人们就会渴望阴凉。林荫处的气温将比空旷地低3～4℃。为了达到最大的遮阴效益，大中型乔木应种植在空间或楼房建筑的西南面、西面或西北面。

炎热的午后，太阳的高度角发生变化，在西南面种最高的乔木，与西北面次高的乔木形成的遮阴效果是相同的。夏季，植物对空调机的遮阴，还能提高空调机的工作效率。美国冷却研究所的研究表明，用被遮阴的分离式空调机冷却房间，能节能 3%。

2.1.1.2　小乔木

最大高度为 4.5～9m 的乔木为小乔木，包括白玉兰、紫玉兰、四季桂、樱花类、紫叶李、油橄榄、珊瑚树、海棠类、桃树类、紫荆。如同大中型乔木一样，小乔木在景观中也具有许多潜在的功能。

小乔木能从垂直面和顶平面两方面限制空间。视其树冠高度而定，小乔木的树干能在垂直面上暗示空间边界。当其树冠低于视平线时，它将会在垂直面上完全封闭空间。当视线能透过树干和枝叶时，这些小乔木就像前景的漏窗，使人们所见的空间有较大的深远感（图 2-4）。在顶平面上，小乔木的树冠能形成室外空间的顶棚，这样的空间常使人感到亲切。在有些情况中树冠极低，从而能防止人们的穿行。总而言之，小乔木适合于受面积限制的小空间，或要求较精细的地方。

图2-4 小乔木的漏窗效果示意

小乔木也可作为焦点和构图中心。这一特点是靠其大小或者观赏部位的明显形态，如花或果实来实现。按其特征，小乔木通常作为视线焦点而被布置在节点的地方，如入口附近等地。在狭窄的空间末端，也可以放置小乔木，使其像一件雕塑或者标识，引导和吸引游人进入此空间（图2-5）。若按照一定序列布置观赏小乔木，人们就能在它们的引导下从一个空间进入另一个空间。从观赏树木的生长习性来看，其在四个季节中具有四种不同的魅力：春花、夏叶、秋色、冬枝。

图2-5 小乔木的引导作用

2.1.2 灌木

灌木是指高4.5m以下，通常丛生且无明显主干的木本植物，但有时也有明显主干。常见灌木有夹竹桃、山茶、栀子、麻叶绣线菊、玫瑰、龙船花、杜鹃、牡丹等。

从乔灌木的概念可以看出，有些树木的分类也不是绝对的。如木槿，可能是小乔木，也可能是灌木。大的，主干明显，高达4.5m以上，可以说是小乔木；但它的人工栽培品种，比如佛顶珠月桂就是灌木。

2.1.2.1　大灌木

大灌木的最大高度为3～4.5m。与小乔木相比较，灌木不仅较矮小，而且最明显的是缺少离地的树冠。一般说来，灌木叶丛几乎贴地而长，而小乔木则有一定距离，从而形成树冠或林荫。

在景观中，大灌木犹如一堵堵围墙，能在垂直面上构成空间闭合。仅由大灌木所围合的空间，其四面封闭，顶部开敞。由于这种空间具有极强的向上趋向性，因而给人明亮、欢快的感觉。大灌木还能构成极强烈的长廊型空间，将人们的视线和行动直接引向终端（图2-6）。如果大灌木属于落叶树种，那么空间的性质就会随季节而变化，而常绿灌木则能使空间保持始终如一。

图2-6　大灌木的引导作用

大灌木可以充当障景物，并将视线引向景观中的观赏目标

大灌木也可以用作视线屏障和控制私密性。这是大灌木的普遍功能，在有些地方，人们并不喜欢僵硬的围墙和栅栏，而是需要绿色的屏障。但是，正如早已提到的那样，在将高大灌木用作屏障和控制私密性时，必须注意它们的色彩和质感，其效果才能更突出（图2-7）。

图2-7　大灌木的屏障作用

由于灌木给人的感觉并不像乔木那样"突出"，而是一副"甘居人后"的样子，所以在植物配置中大灌木往往作为背景。如图2-8所示，大灌丛作为主题雕塑的背景，起到衬托的作用。当然灌木并非就不能作为主景，一些灌木由于有着美丽的花色和优美的姿态，在景观中也会成为瞩目的对象。如图2-9所示，尽管这处景观全由灌木组成，画面中央的那株灌木仍然因其大小、形态的与众不同而成为了视觉的焦点。这也说明了植物景观的构成并非由某一因子决定，而是多因子综合作用的结果。同样，大灌木的这一功能也会因其落叶或常绿的种类不同而变化。

图 2-8　大灌木的背景作用

图 2-9　大灌木的主景作用

2.1.2.2　中灌木

　　中灌木是指高度为 1 ～ 3m 的灌木，它们也可以是各种形态、色彩或质感的，这些植物的叶丛通常贴地或仅微微高于地面。中灌木的设计功能与矮灌木基本相同，只是围合空间范围较之稍大。此外，中灌木还能在构图中起到大灌木或小乔木与矮灌木之间的视线过渡作用。

2.1.2.3 矮灌木

矮灌木是尺度上较小的灌木。成熟的矮灌木高度不超过 1m。但是，矮灌木的最低高度必须在 30cm 以上，因为凡低于这一高度的植物，一般都被作为地被植物对待。矮灌木包括：小叶黄杨、小叶女贞、棣棠、绣线菊等。矮灌木种植在景观中可以起到下述作用。

矮灌木能在不遮挡视线的情况下限制或分隔空间。由于矮灌木没有明显的高度，因此它们不是以实体来封闭空间，而是以暗示的方式来控制空间（图 2-10）。因此，为构成一个四面开敞的空间，可在垂直面上使用矮灌木。与此功能有关的例子是，种植在人行道或小路两旁的矮灌木，具有不影响行人视线，又能将行人限制在人行道上的作用。

图 2-10 低矮灌木和地被植物形成开敞空间

在构图上，矮灌木也具有从视觉上连接其他不相关因素的作用。不过，它的这一作用在某种程度上不同于地被植物。地被植物是将其他不相关因素放置于相同的地面上，而产生视觉上的联系。而矮灌木则有垂直连接的功能。这点与矮墙相似（图 2-11）。因此，从立面图上来看，矮灌木对于构图中各因素具有较强烈的视觉联系作用。

图 2-11 矮灌木构成的矮墙

矮灌木的另一个功能，是在设计中充当附属因素。它们能与较高的物体形成对比，或降低一级设计的尺度，使其更小巧、更亲密。鉴于其尺度矮小，故只有大面积使用，才能获得较佳的观赏效果。如果使用面积小（相对总体布局而言），其景观效果极易丧失。但如果过分使用许多琐碎的矮灌木（图 2-12），就会使整个布局显得无整体感。

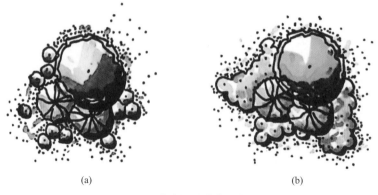

(a)　　　　　　　　　(b)

图 2-12　琐碎的矮灌木无整体感

2.1.3　地被植物

高度在 30cm 以下的多年生植物都属于地被植物。由于接近地面，对于视线完全没有阻隔作用，所以地被植物在立面上不起作用，但是在地面上地被植物却有着较高的价值。同室内的地毯一样，地被植物作为"室外的地毯"可以暗示空间的变化。如图 2-13 所示，草坪与地被植物之间形成了明确的界限，确立了不同的空间，而且也可以看出地被植物在景观中的作用与灌木、乔木是不同的。

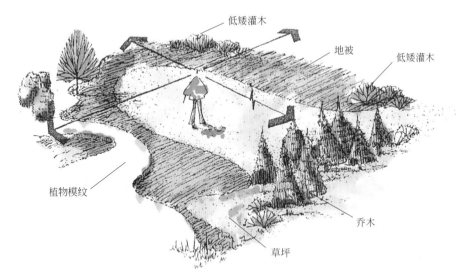

图 2-13　地被植物暗示空间变化示意

地被植物也各有不同特征，有的开花，有的不开花，有木本也有草本。常见的地被植物有：萼距花、麦冬、白车轴草、马蹄金、绣球、洋常春藤、络石等，地被植物可以作为室外空间的植物性"地毯"或铺地，此外它本身在设计中还具有许多功能。

　　与矮灌木一样，地被植物在设计中也可以暗示空间边缘（图 2-14）。就这种情况
而言，地被植物常在外部空间中划分不同形态的地面。地被植物能在地面上形成所需
图案，而不需硬性的建筑材料。当地被植物与草坪或铺道材料相连时，其边缘构成的
线条在视觉上极为有趣，而且能引导视线，限制空间。当地被植物和铺道材料对比使
用时，能限制步行道。

图 2-14　地被植物暗示空间边缘

　　地被植物因具有独特的色彩或质感，而能提供观赏情趣。当地被植物与具有对比
色或对比质感的材料配置在一起时，会引人入胜。对于具有迷人的花朵、丰富色彩的
地被植物，这种作用特别重要。

　　地被植物还有一种功能，是作为衬托主要因素或主要景物的无变化的、中性的背
景，例如作为一件雕塑，或是引人注目的观赏植物下面的地被植物床。作为一种自然
背景，地被植物的面积需足够大以消除邻近因素的视线干扰。

　　地被植物还可以从视觉上将其他孤立因素或多组因素联系成一个统一的整体。地
被植物能成为一个布局中与不同成分相关联的共有因素（图 2-15）。各组互不相关的
灌木或乔木，在地被植物层的衬托下，都能成为同一布局中的一部分。因地被植物能
将地面上所有的植物组合在一个共同的区域内，这个普遍的方法适合于环绕开放草坪
的边缘，作为"边缘种植"。

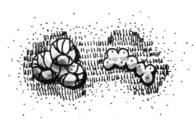

(a) 两组植物在视觉上无联系，使布局分离　　　(b) 地被将两组植物统一成整体

图 2-15　地被植物的连接作用

　　地被植物的实用功能，还在于为那些不宜种植草皮或其他植物的地方提供下层植

被。地被植物的合理种植场所，是那些楼房附近，除草机难以进入或草丛难以生存的阴暗角落。此外，一旦地被植物成熟后，对它的养护少于同等面积的草坪。与人工草坪相比较，在较长时间内，大面积地被植物层能节约养护所需的资金、时间和精力。

地被植物还能稳定土壤，防止陡坡的土壤被冲刷。在斜坡上种植草皮，剪草养护是极其困难而危险的，因此，在这些地方，就应该用地被植物来代替。

总而言之，植物的大小会直接影响植物景观，尤其是植物群体景观的观赏效果。植物的大小是所有植物材料最重要、最引人注意的特征之一。若从远距离观赏，这一特性就更为突出。植物的大小成为种植设计布局的骨架，而植物的其他特性则为其提供细节和小情趣。一个布局中的植物大小和高度，能使整个布局显示出统一性和多样性。例如，如果在一个小型花园布局中，所用的植物都同样大小，那么该布局虽然出现统一性，但同时也产生单调感［图2-16（a）］。若使植物的高度有些变化，则能使整个布局丰富多彩，从远处看去，植物高低错落有致，要比植物在其他视觉上的变化特征更明显（除了色彩的差异外）［图2-16（b）］。因此，植物的大小应该成为种植设计中首先考虑的观赏特性，植物的其他特性，都是依照已定的植物大小来加以选用的。

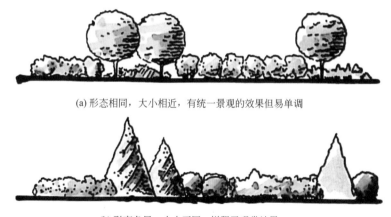

(a) 形态相同，大小相近，有统一景观的效果但易单调

(b) 形态各异，大小不同，增强了观赏效果

图 2-16 植物配置造成的统一性和多样性

需要注意的是，植物的大小与植物的年龄、生长速度有关，因此栽植初期和几年后，甚至几十年后的景观效果可能会有差异。设计师一方面要了解成龄植物的一般大小，另一方面要注意植物的生长速度。

2.2 植物的外形

植物的外形是由一部分主干、主枝、侧枝和叶幕决定的。它用于表明二维（只具备长和宽的形状）和三维（具备长、宽、高）形状。植物的外形可以理解为植物的姿态，其千变万化。不同外形的植物有不同的表现性质，称之为"姿态的表情"，它在植物的构图和布局上影响着统一性和多样性。

在自然生长状态下，植物外形的基本类型有圆柱形、塔形、圆锥形、扁球形、卵圆形、广卵形、伞形、垂枝形、棕榈形、丛生形、半球形和匍匐形等（图 2-17）。

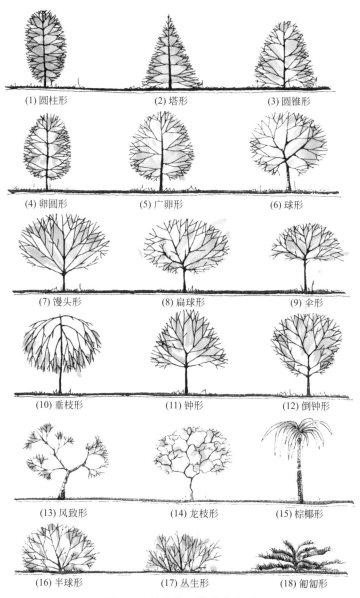

(1) 圆柱形　　　　　(2) 塔形　　　　　(3) 圆锥形

(4) 卵圆形　　　　　(5) 广卵形　　　　　(6) 球形

(7) 馒头形　　　　　(8) 扁球形　　　　　(9) 伞形

(10) 垂枝形　　　　　(11) 钟形　　　　　(12) 倒钟形

(13) 风致形　　　　　(14) 龙枝形　　　　　(15) 棕榈形

(16) 半球形　　　　　(17) 丛生形　　　　　(18) 匍匐形

图 2-17　植物外形的基本类型

圆柱形、窄卵形、塔形、圆锥形等姿态的植物，其形态细窄长，顶部尖细，具有显著的垂直向上性，通过引导视线向上的方式，突出了空间的垂直面。如果这类植物单株欣赏，就有一种又高又窄的向上感，如果是一组这样的树种在一起，当宽度大于高度时，就会产生水平方向感，池杉就是一个例子。大量使用该类植物，其所在的植物群体和空间就会给人种超过实际高度的幻觉。当它们与较低矮的球形或展开形植物种植在一起时，对比就会十分强烈（图 2-18），犹如一"惊叹号"惹人注目，像乡镇地平线上的教堂塔尖。考虑到这种特征，在设计时应该谨慎使用这些垂直向上类外形的植物，如果在设计中过量使用，就会造成过多的视线焦点，使构图跳跃、破碎。

图 2-18　不同外形植物配置对比作用

常见的具有强烈垂直方向性的植物有：圆柏、塔柏、北美圆柏、钻天杨、水杉、落羽杉、雪松、云杉属等。

扁球形、扇形等姿态的植物具有水平方向生长的习性，其宽和高几乎相等，如二乔玉兰、鸡爪槭、山楂、合欢、铺地柏和平枝栒子等。展开形植物的形状能使设计构图产生一种宽阔感和外延感，会引导视线沿水平方向移动（图 2-19）。因此，这类植物通常用在布局中从视线的水平方向联系其他植物形态。如果这种植物形状重复地灵活运用，其效果更佳。在构图中，展开形植物与垂直的窄卵形和圆柱形植物形成对比效果。展开形植物能和平坦的地形、平展的地平线和低矮水平延伸的建筑物相协调。若将该植物布置于平顶低矮的建筑旁，就能延伸建筑物的轮廓，使其融汇于周围环境之中（图 2-20）。

园林中的植物大多没有显著的方向性，如姿态为卵圆形、倒卵形、球形、丛枝形、拱枝形、伞形的植物，而球形类为典型的无方向类。

图 2-19　展开形植物构成的宽阔外延景观

图 2-20 展开形植物延伸建筑物轮廓的作用

　　圆和球具有单一的中心点，圆和球以这个中心点运动，引起周围等距放射活动，或从周围向中心点集中活动。换言之，圆和球吸引人们的视线，易形成焦点。园林中的植物天然具有球形姿态的较少见，更为常见的是修剪为球形的植物，例如海桐球、黄杨球、大叶黄杨球、枸骨球等。

　　姿态为卵形、倒卵形、丛生形、拱枝形、伞形的植物，没有明显的方向性。此类植物在园林中种类最多，应用也最广泛，如香樟、玉兰、楸树、油松、丁香、连翘等。这类植物在引导视线方面既无方向性，也无倾向性，因此，在植物景观构图中不会破坏设计的统一性。

　　垂枝类植物包括狭义的垂枝植物，如垂柳、垂枝榆、垂枝梅、垂枝樱和垂枝桃等，也包括枝条向下弯的藤本植物，如探春花、迎春花等。垂枝形植物具有明显的悬垂或下弯的枝条。在自然界中，地面较低洼处常伴生着垂枝植物，如河床两旁常长有众多的垂柳。在设计中，它们能起到将视线引向水面的作用。因此，可以在引导视线向上的树形之后，用垂枝植物。垂枝植物还可种于一泓水湾的岸边，配合其波动起伏的涟漪，以象征着水的流动。为能表现出植物的姿态，最理想的做法是将这类植物种在种植池的边缘或地面的高处，这样，植物就能越过种植池的边缘挂下或垂下。

　　棕榈形主要是指棕榈科的植物，这类植物树干直立，多无分枝，常绿，叶大型，掌状或羽状分裂，聚生茎顶端，形态独特，随风飘曳，姿态婆娑，能很好地体现热带风光，如椰子、假槟榔、王棕和苏铁等。

　　此外，还有一些奇特造型的植物，其形状千姿百态，有不规则的、多瘤节的、歪扭式的和缠绕螺旋式的。这种类型的植物通常是在某个特殊环境中已生存多年的成年老树。除专门人工培育的盆景植物外，大多数特殊形植物的形象，都是由自然力造成的。由于它们具有不同凡响的外貌，这类植物最好作为孤植树，放在突出的位置上，构成独特的景观效果。一般说来，无论在何种空间内，一次只宜放置一棵这种类型的植物，这样方能避免产生杂乱的景象。

　　并非所有植物都能准确地符合上述分类。有些植物的形状极难描述，而有些植物则越过了各种植物外形的界限。但是尽管如此，植物的形态仍是一个重要的观赏特征，这一点在植物因其形状而自成一景，或作为设计焦点时，尤为显示它的突出地位。需要注意的是，植物的外形也并非一成不变，首先它会随着年龄的增长而改变，如图 2-21 所示。不同植物不同阶段的树形可能是不同的，设计师应该注意这种变化规律，否则植物景观的效果有可能会令人失望。其次，当植物以群体出现时，单株的形象便会消失，它的自身造型能力受到削弱，在此情况下，整个群体植物的外观便成了重要的方面。

(a) 白皮松成龄树树冠为倒卵形，幼树树冠为圆锥形　　　(b) 侧柏老龄树树冠为球形，幼树树冠为圆锥形

(c) 油松、黑松、樟子松等老龄树树冠为伞形，　　　(d) 桧柏、杜松等老龄树树冠为扁球形，
　　幼树树冠为圆锥形　　　　　　　　　　　　　　　幼树树冠为圆锥形

图 2-21　植物的外形随着年龄的增长而改变示意

2.3　植物的色彩

植物的色彩可以被看作是情感象征，这是因为色彩直接影响着一个室外空间的气

氛和情感。鲜艳的色彩给人以轻快、欢乐的气氛，而深暗的色彩则给人异常郁闷的气氛。由于色彩容易被人看见，因而它也是构图的重要元素。在景观中，植物色彩的对比，有时在相当远的地方都能被人注意到。

植物的色彩通过植物的各个部分而呈现出来，如通过树叶、花朵、果实、大小枝条以及树皮等。树叶的主要色彩为绿色，其间也伴随着深浅的变化，以及黄、蓝和古铜色。除此之外，植物也包含很多其他色彩，存在于春秋季节的树叶、花朵、枝条和树干之中。

植物配置中的色彩组合，应与其他观赏特性相协调。植物的色彩应在设计中起到突出植物尺度和形态的作用。如一株植物以大小或形态作为设计中的主景时，同时也应具备夺目的色彩，以进一步引人注目。鉴于这一特点，在设计时，一般应多考虑夏季和冬季的色彩，因为它们占据着一年中的大部分时间。植物的春色和秋色虽然丰富多彩，令人难忘，但其寿命不长，仅持续几个星期。因此，对植物的取舍和布局只依据春色或秋色，是极不明智的，因为这些特征会很快消失。

在夏季树叶色彩的处理上，最好是在布局中使用一系列具有色相变化的绿色植物，使其构图上产生丰富的视觉效果。另外，将两种对比色配置在一起，其色彩的反差更能突出主题。例如黑与白在一起则白会显得更白，而绿色在红色或橙色的衬托下，会显得更浓绿。不同的绿色调，也各有其设计上的作用。各种不同色调的绿色，可以突出景物，也能重复出现达到统一，或从视觉上将设计的各部分连接在一起。像东北红豆杉，其典型的深绿色，给予整个构图和其所在空间一种坚实凝重的感觉，使其成为设计中具有稳定作用的角色（图2-22）。此外，深绿色还能使空间显得恬静、安详，但若过多地使用该种色彩，则会给室外空间带来阴森沉闷感。一个空间中的深色植物居多会使人感到空间比实际窄小。而且深色调植物极易有移向观赏者的趋势，在一个视线的末端，深色似乎会缩短观赏者与被观赏景物之间的距离，而浅色植物则正好相反（图2-23）。

图 2-22　深绿色的东北红豆杉起稳定作用

(a) 深色植物"趋向"观赏者

(b) 浅色植物"远离"观赏者

图 2-23　深色调植物与浅色调与观赏者的关系示意

　　浅绿色植物则能使一个空间显得明亮、轻快。浅绿色植物除在视觉上有远离观赏者的感觉外，同时给人欢欣、愉快和兴奋感。当我们在将各种色度的绿色植物进行组合时，一般说来深色植物通常安排在底层（鉴于观赏的层次），使构图保持稳定，与此同时，浅色安排在上层，使构图轻快。如图 2-24 所示，深色植物可以作为淡色或鲜艳色彩材料的衬托背景。这种对比在某些环境中是有必要的。

图 2-24　深色植物作为淡色或鲜艳色彩材料的衬托背景

　　在处理设计所需要的色彩时，应以中间绿色为主，其他色调为辅。这种无明显倾向性的色调就像一条线，将其他所有色彩联系在一起（图 2-25）。绿色的对比效果表现在具有明显区别的叶丛上。各种不同色度的绿色植物，不宜过多、过碎地布置在总体中，否则整个布局会显得杂乱无章。另外，在设计中应小心谨慎地使用一些特殊色彩，诸如青铜色、紫色或带有杂色的植物等。因为这些色彩异常独特，而极易引人注意。在一个总体布局中，只能在特定的场合中保留少数特殊色彩的绿色植物。同样，鲜艳的花朵也只宜在特定的区域内成片大面积布置。如果在布局中出现过多、过碎的艳丽花色，则构图同样会显得琐碎。因此，要在不破坏整个布局的前提下，慎重地配置各种不同的花色。

图 2-25　中间绿色联系其他色彩的作用

假如在布局中以夏季的绿色植物作为基调，那么花色和秋色则可以作为强调色。红色、橙色、黄色、白色和粉色，都能为一个布局增添活力和兴奋感，同时吸引观赏者注意设计中的某一重点景色。事实上，色泽艳丽的花朵如果布置不当，大小不合，就会在布局中喧宾夺主，使植物的其他观赏特性黯然失色。色彩鲜明的区域，面积要大，位置要开阔并且日照充足。因为在阳光下比在阴影里其色彩更加鲜艳夺目。不过，如果慎重地将艳丽的色彩配置在阴影里，艳丽的色彩则能给阴影中的平淡无奇带来欢快、活泼之感。如前所述，秋色叶和花卉的颜色虽鲜丽多彩，但其重要性仍次于夏季的绿叶。

此外，植物的色彩在室外空间设计中能发挥众多的功能。常认为植物的色彩足以影响设计的多样性、统一性，以及空间的情调和感受。植物色彩与其他植物视觉特点一样，可以相互配合运用，以达到设计的目的。

2.4　植物的生活型

植物的生活型是植物长期适应气候变化而呈现的外部表征，并与植物的色彩在某种程度上有关系。基本的生活型有两种：落叶型、常绿型。常绿植物在植物学中指的是其叶子可以在枝干上存在 12 个月或更多时间从而全年有叶片的植物；落叶植物则是指秋冬季节或旱季叶全部脱落的多年生植物，其叶子在枝干上存在小于 12 个月，一般指落叶乔木或灌木。常绿型又分为常绿针叶型、常绿阔叶型，落叶型又分为落叶针叶型、落叶阔叶型。每一种类型都各有其特性，在室外空间的设计上，也各有其相应的功能。

2.4.1 落叶型

落叶型植物在秋天落叶，春天再生新叶。通常叶片薄，并具有许多种形状和不同大小。在大陆性气候带中，就数量和对周围各种环境的适应能力而言，落叶型植物占优势。落叶型植物从地被植物到参天乔木均具有各种形态、色彩、质感和大小。

常见的落叶型植物有榆属、荚蒾属、栎属、槭树属等。

在室外空间中，落叶植物有一些特殊的功能。其中最显著的功能之一，便是突出季节的变化。正如上面所提到的，许多落叶植物在外形和特征上都有明显的四季差异，这样就直接影响所在景区的风景质量。落叶植物这一具有活力的因素，能使一年的季相变化更加显著，更加具有意义。人们在饶有兴趣地观赏落叶植物时，会惊讶地发现其在通透性、外貌、色彩和质感上发生着令人着迷的交替变化。

落叶型植物能在各个方面限制空间作为主景，充当背景，并可以与常绿针叶树和常绿阔叶树相互对比。事实上，落叶型植物在设计中属于"多用途植物"，能满足大多数功能的需要，而且还具有特殊的外形、花色或秋色叶，因而被广泛使用。以下所列几种落叶型植物都具有悦目的花朵，因而在景观中占突出地位，如樱花类、连翘、忍冬、金钟花、棣棠、海棠类等。

某些落叶型植物的另一个特性，是具有让阳光透射叶丛，使其相互辉映，产生一种光叶闪烁的效果。植物叶丛在太阳光下就会产生这种现象。当观赏者从树底或逆光看时，所看到的个别树叶呈鲜艳透明的黄绿色，从而给人一种树叶内部正在燃烧的幻觉。这种效果常出现在上午10点或下午3点，此时太阳正以较低的角度照射着植物。这一光亮闪烁的效果，使下层植被具有通透性和明快的效果。人行道和楼房入口等场所既需要隐蔽安全，又需要这种明亮轻快的空间效果。

落叶型植物还有一个特性，就是它们的枝干在冬季落叶凋零光秃后，呈现的独特形象。这一特性与夏季的叶色和质感占有同等重要的地位。因此在布局中选用落叶植物时，必须首先研究该植物所具有的可变因素，如枝条粗细、密度、色彩及外形或生物学习性。如皂荚和火炬树，具有开放型分枝，其整体形象杂乱而无明显的树形轮廓。

由枝条自身所构成的轮廓图案，也是设计所要考虑的因素。有些植物的枝条是水平伸展的，形成引人注意的水平线形图案，这类植物有：鸡爪槭、合欢、山楂。而白蜡、鹅耳枥这类植物，则具有清晰的垂枝形树形，特别是沼生栎更为突出。其他植物如海棠类和紫荆，当进入老龄期，则具有扭曲的枝条形态。如果将该类植物配置在深色的常绿植物或其他中性物体的背景之前，会使该植物光秃的枝条和形象更为生动突出（图2-26）。落叶型植物的另一个特性，就是当凋零的稀疏枝干投影在路面或墙上时，可以形成迷人的景象。特别是在冬季，对于单调乏味的铺地或是一面空墙，疏影映照有助于消除单调感。

图 2-26　光秃的枝条和形象位于深色的常绿型植物背景之前

2.4.2　常绿型

第二种基本生活型是常绿型植物。常绿型植物又分为常绿针叶树和常绿阔叶树。

2.4.2.1　常绿针叶树

普通的常绿针叶植物有：松属、云杉属、柏科以及红豆杉科植物。常绿针叶植物主要是高大乔木，也有低矮灌木，并具有各种形状、色彩和质感。作为针叶植物，它们虽然没有艳丽的花朵，但也具有自己的独特性和多种用途。

与其他类型的植物相比，常绿针叶树的色彩比所有种类的植物都深（除柏树类以外），这是因为针叶植物的叶所吸收的光比折射出来的光多，这一特征从头年的夏季一直到来年的春季都很突出，特别是在冬季，常绿针叶植物的相对暗绿最为明显。这样就使得常绿针叶树显得端庄厚重，通常在布局中用以表现稳重、深沉的设计效果。在一个植物组合的空间内，常绿针叶树可造成一种郁闷、沉思的气氛。但应注意，在任何一个场所都不应过多地种植这类植物，尤其在许多老旧房屋周围，原因是这类植物会带来悲哀、阴森的感觉，要避免过多该类植物造成死气沉沉的感受。在一个设计中，针叶植物所占的比例应小于阔叶植物。当然，若某一地区的主要植物都是常绿针叶植物的话，那又另当别论。此时，在设计布局中就应主要使用针叶植物。

在设计中使用针叶植物的另一个原则是，必须在不同的地方群植常绿针叶植物，避免分散（图2-27）。这是因为常绿针叶树在冬天凝重而醒目，如果太过于分散，会导致整个布局的混乱感。

基于常绿针叶植物相对深暗的叶色，其另一用途便是可以作为浅色物体的背景。有些色泽较浅的观花植物，如垂丝海棠、紫荆以及杜鹃等，经常利用常绿针叶乔木或灌木作为背景。春暖花开时，这些赏花植物在浓郁的常绿针叶植物的陪衬下，显得非常娇艳夺目。

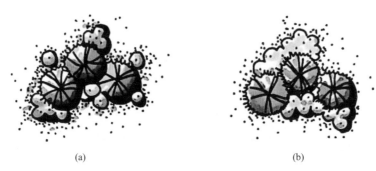

(a)　　　　　　　　　　　　　　　(b)

图 2-27　针叶植物的相对聚集配置效果

顾名思义，常绿针叶植物的树叶无明显颜色变化，与落叶植物相比较，在结构上更为稳定。因此，它们会使某一布局显示出永久性。它们还能构成一个永恒的环境，这一点对于可变的落叶植物来说是望尘莫及的。反过来，与某些环境中运用只有极小变化的常绿针叶植物相比，具有季相变化的落叶植物就反而显得更加引人注目。

由于常绿针叶植物叶的密度大，因此它在屏障视线、阻止空气流动方面非常有效。常绿针叶植物是在一年四季中提供永恒不变的屏障和控制隐秘环境的最佳植物（图 2-28）。此外，常绿针叶植物也可种植在一幢楼房或户外空间的周围，以抵挡寒风的侵袭。一般说来，在温带地区抵御冬季的寒风，种植常绿针叶植物的最有利方位是房屋或室外空间的西北方（图 2-29）。此外，它们能使空旷地的风速降低，风速的降低又使透进房屋的冷空气减少，与此同时也减少了流走的热量。一般说来，只要常绿针叶树位置适当，设计合理，它们就能为一个家庭节约一定的取暖费用。在房屋围墙周围大面积地种植常绿针叶大灌木，也能得到类似的效果。其原理就是，大面积密实的灌木与房屋墙体组成一个无空气对流的空间，这一空间恰如一个绝缘体，阻止了冷暖空气的流动。

图 2-28　常绿针叶植物的屏障作用

图 2-29　常绿针叶植物抵御温带地区冬季的寒风

　　关于落叶植物与常绿植物的组合问题。就一般的经验而言（不涉及某些特别设计中的特殊目的），在一个植物的布局中，落叶植物和常绿针叶植物的使用，应保持一定比例关系。两种类型的植物，以其各自最好的特性而相互完善。当单独使用时，落叶植物在夏季分外诱人，但在冬季却"黯然失色"（图 2-30），因它们在这个季节里缺乏密集的可视厚度。反之，如果一个布局里只有常绿针叶植物，那么这个布局就会索然无味，因为该植物太沉重、太阴暗，而且对季节的变化几乎"无动于衷"（图 2-31）。

图 2-30　落叶植物单独配置的冬季景观

图 2-31　常绿针叶植物单独配置的景观

　　因此，为消除这些潜在的缺点，最好的方式就是将这两种植物有效地组合起来，从而在视觉上相互补充（图 2-32）。

图 2-32　落叶植物和常绿针叶植物的组合景观

2.4.2.2　常绿阔叶树

常绿阔叶植物的叶形与落叶植物相似。其主要分布在亚热带和热带地区。如香樟、广玉兰、女贞、天竺桂、杜英等。下面我们就来探讨这类植物的特性及潜在的设计用途。

与常绿针叶植物一样，常绿阔叶树的树叶几乎都呈深绿色。不过，许多常绿阔叶植物的叶片能够反光，从而使该植物在阳光下显得光亮。常绿阔叶植物的一个潜在用途，就是能使一个开放性户外空间产生耀眼的发光特性，它们还可以使一个布局在向阳处显得轻快而通透。当其被植于阴影处时，常绿阔叶植物与常绿针叶植物相似，都具有阴暗、凝重的效果。

常绿阔叶植物通常具有艳丽的春季花色。因此，许多设计师仅因其迷人的花朵而在设计中使用它们。应该说这并非良策，因为这类植物的花期很短。相反，在设计中使用这类植物时，应主要考虑其叶丛。花朵只能作为附加的效果而加以考虑。当然在某些景观中也可以将艳丽的花朵作为焦点来使用。

常绿阔叶植物不十分耐寒。大多数常绿阔叶植物一般在温和的气候中，或在有部分阳光照射的地方和阴凉处，如建筑物的东、西面，才能发挥较好的作用。常绿阔叶植物既不能抵抗炽热的阳光，也不能抵御极度的寒冷，因此，切忌将其种植在夏季阳光照射强烈的地方，也不要将其种植在会遭到破坏性冬季寒风吹打之处。这两种情形都会使其叶片过度蒸腾而导致根部水分不足。此外，大多数常绿阔叶植物只有在酸性土壤中才能正常生长。

总而言之，我们在讨论植物景观设计的色彩因素时，也应该同时考虑植物的生活型，这也是植物色彩的一个重要因素。生活型可以影响一个设计的季节交替关系、可观赏性和协调性。生活型还与植物的质感有着直接的关系。

2.5　植物的质感

所谓植物的质感，是指单株植物或群体植物直观的粗糙感和细腻感。它受植物叶片大小、生长季节、叶片数量、叶片排列方式、枝条的长短与数量、树皮的外形、植物的综合生长习性以及观赏者的距离等因素的影响。

在近距离内，单个叶片的大小、形状、外表以及小枝条的排列都是影响观赏质感的重要因素。当从远距离观赏植物的外貌时，决定质感的主要因素则是枝干的密度和植物的生长习性。除随距离而变化外，落叶植物的质感也随季节而变化。在整个冬季，落叶植物由于没有叶片，因而质感与夏季时不同，一般来说更为疏松。例如皂荚属植物在某些景观中，其质感会随季节发生惊人的变化。在夏季，该植物的叶片使其具有精细通透的质感；而在冬季，无叶的枝条使其具有疏松粗糙的质感。

在植物配置中，植物的质感会影响许多其他因素，包括布局的协调性和多样性、视距感，以及一个设计的色调、观赏情趣和气氛。根据在景观中的特性及潜在用途，植物的质感通常分为三种：粗壮型、中粗型及细小型（图 2-33）。代表性植物见表 2-1。

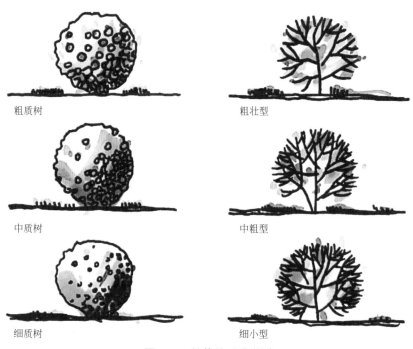

粗质树　　　　粗壮型

中质树　　　　中粗型

细质树　　　　细小型

图 2-33　植物的质感类型

表 2-1　植物的质感

质感类型	代表植物
粗壮型	梧桐、木油桐、悬铃木、七叶树、梓树、法国冬青、泡桐、印度榕、广玉兰、天女木兰、二乔玉兰、新疆大叶榆、新疆杨、响叶杨、龙舌兰、八角金盘、木槿、向日葵、岩白菜、蓝刺头、玉簪、龟背竹、荷花、五叶地锦、草场草等

质感类型	代表植物
中粗型	美国薄荷、金光菊、丁香、景天属、大戟属、芍药属、月见草属、羽扇豆属等
细小型	合欢、罗汉松、榕树、小叶黄杨、锦熟黄杨、瓜子黄杨、鸡爪槭、小叶女贞、绣线菊属大部分植物、柳属、大多数针叶树种、落新妇、蒌斗菜、老鹳草、石竹、唐松草、乌头、金鸡菊、菩草、丝石竹、含羞草、白车轴草、经修剪的草坪草等

2.5.1 粗壮型

粗壮型植物通常具备大叶片、浓密而粗壮的枝干（无小而细的枝条）以及疏松的整体形态。具有粗壮质感的植物大致有：梧桐、木油桐、三球悬铃木、七叶树、法国冬青、龙舌兰、二乔玉兰、八角金盘等。下面我们来探讨粗壮质感植物的一些特征及特殊功能。

粗壮型植物观赏价值高，泼辣而有挑逗性。将其植于中粗型及细小型植物丛中时，粗壮型植物会"跳跃"而出，首先为人所见。因此，粗壮型植物可在设计中作为焦点，以吸引观赏者的注意力，或使设计显示出强壮感。与使用其他突出的景物一样，在使用和种植粗壮型植物时应小心适度，以免它在布局中喧宾夺主，或使人们过多地注意零乱的景观。

由于粗壮型植物具有强壮感，因此它能使景物有趋向赏景者的动感，从而造成观赏者与植物间的可视距离短于实际距离的感觉。与此类似，为数众多的粗壮型植物，能通过吸收视线"收缩"空间的方式，而使某户外空间显得小于其实际面积。粗壮型植物的这一特性极适合运用在那些超过人们正常舒适感的现实自然范围中。但对于那些即使没有植物，也显得紧凑而狭窄的空间来说，则毫无必要。因此，在狭小空间内布置粗壮型植物时，必须小心谨慎，如果种植位置不适合，或过多地使用该类植物，这一空间就会被这些植物"吞没"。

在许多景观中，粗壮型植物在外观上都显得比细小型植物更空旷、疏松、模糊。粗壮型植物通常还具有较大的明暗变化。鉴于这些特性，它们多用于不规则景观中。它们极难适应那些要求整洁的形式和鲜明轮廓的规则式景观。

2.5.2 中粗型

中粗型植物是指那些具有中等大小叶片、枝干，以及具有适度密度的植物。与粗壮型植物相比较，中粗型植物透光性较差，而轮廓较明显。由于中粗型植物占绝大多数，因此它应在种植数量中占最大比例。与中间绿色植物一样，中粗型植物也应成为一项设计的基本结构，充当粗壮型和细小型植物之间的过渡成分。中粗植物还具有将整个布局中的各个成分连接成一个统一整体的作用。

2.5.3 细小型

细质感植物长有许多小叶片和微小脆弱的小枝，并具有齐整密集的特性。鸡爪槭、菱叶绣线菊、罗汉松、榕树、塔柏等，都属于细质感植物。

细质感植物的特性及作用恰好与粗壮型植物相反。细质感植物柔软纤细，在风景中极不醒目。在布局中，它们往往最后为人所见，当观赏者与布局间的距离增大时，它们又首先在视线中消失（仅就质感而言）。因此，细质感植物最适合在布局中充当更重要成分的中性背景，为布局提供优雅、细腻的外表特征，或在与粗质感和中粗质感植物相互完善时，增加景观变化。

由于细质感植物在布局中不太醒目，因此它们具有一种"远离"观赏者的倾向。当大量细质感植物被植于一个户外空间时，它们会构成一个大于实际空间的幻觉。细质感植物的这一特性，使其在紧凑狭小的空间中特别有用，这种空间的可视轮廓受到限制，在视觉上需扩展而不是收缩。

由于细质感植物长有大量的小叶片和浓密的枝条，因此它们的轮廓非常清晰，整个外观文雅而密实（有些细质感植物在自然生长状态中，犹如曾被修剪一样）。所以，细质感植物可被恰当地种植在某些背景中，以使背景展示出整齐、清晰、规则的特征。

按照设计原理，在一个设计中最理想的方式是均衡地使用这三种质感类型的植物。这样才能使设计令人悦目。质感种类太少，布局会显得单调，但若种类过多，布局又会显得杂乱。对于较小的空间来说，这种适度的种类搭配十分重要，而当空间范围逐渐增大，或观赏者逐渐远离所视植物时，这种趋势的重要性也逐渐减弱。另一种理想的方式是按大小比例配置不同质感类型的植物，如使用中质感植物作为粗质感和细质感植物的过渡成分。不同质感植物的小组群过多，或从粗质感到细质感植物的过渡太突然，都易使布局显得杂乱和无条理。此外，鉴于尚有其他观赏特性，因此在质感的选取和使用上必须结合植物的大小、形态和色彩等其他设计特性，以便增强所有这些特性的功能。

需要注意的是，植物的质感也会随着季节的不同而变化，比如落叶植物，当冬季落叶后仅剩下枝条时，植物的质感就表现得比较粗糙了。如图 2-34 所示，如果植物组团全部为落叶植物的话，冬季植物景观效果就显得单调散乱。所以在进行植物配置时，设计师应根据所需景观效果，综合考虑植物质感的季节变化，按照一定的比例合理搭配常绿植物和落叶植物。

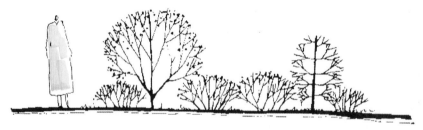

图 2-34　植物落叶后的质感

2.6　枝叶的疏密度

枝叶茂密的植物更易显示出树冠的整体效果和树冠的轮廓，枝叶稀疏的植物在明亮的背景前，则易显示出树枝的线条和叶形。设计中通常选用叶片细小、枝叶密集的树种作背景树。选用叶形大的树种处于坡地下方，可以增加稳定的效果。选用叶片大小、枝叶密度相近的树种，可以增加景观的连续性和统一性。

2.7　植物的季相

季相特征是植物在一年中随季节的更替而发生的周期性变化。例如萌芽、展叶、开花、结果、落叶、休眠等，植物的季相变化对于组织景观是十分重要的因素。我国很多风景区、风景点、公园都有季相突出的观赏处。

以春季景观为主要特色的有北京圆明园的武陵春色，颐和园的知春亭，上海豫园的点春堂，江苏退思园的坐春望月楼，杭州西湖的苏堤春晓、柳浪闻莺、牡丹园等。

以夏季景观为主要特色的有苏州拙政园的荷风四面亭、杭州西湖的曲院风荷、退思园的闹红一舸、扬州个园的夏季假山等。

以秋季景观为主要特色的有杭州西湖的平湖秋月、上海豫园的得月楼、圆明园的涵秋馆、颐和园谐趣园的洗秋、济南大明湖的明湖秋月等。

以冬季景观为主要特色的有拙政园的雪香云蔚亭、上海大观园的梅花岭，还有岁寒三友等。

2.8　植物的生命周期

对于植物来说，植物体从出生、成长、成熟、衰老到死亡的全部过程即为植物的生命周期。在这个周期中，既有量的变化，又有质的变化。一年生植物在四季中有发芽、展叶、开花和结果的变化。寿命长的乔灌木则从繁殖开始经过幼年、青年、成年（壮年）、老年的变化（图 2-35）。静止的形态和生长过程中的变化都是景观设计者必须熟知和加以应用的。

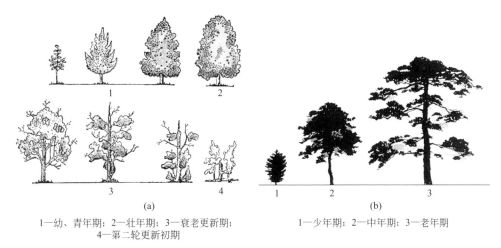

1—幼、青年期；2—壮年期；3—衰老更新期；
4—第二轮更新初期

1—少年期；2—中年期；3—老年期

图 2-35　树木在不同生长时期的形态

对于景观设计者来说，在设计一个公园或一个绿地时，要能够预知几年、十几年、几十年之后，这里的植物群体会变得怎样。在施工时，一般采用小苗和少数规格较大的树，为求得初期的景观效果可采取密植的方法，以后逐步抽稀或间伐，达到原定设计目标。也可以采用别的填充植物，造成另一个初期的临时景观，待设计的树木逐渐长大时，逐步抽去填充植物，实现原定设计目标。

2.9　植物的芳香

2.9.1　芳香植物及其类型

兼有药用植物和香料植物共有属性的植物类群被称为芳香植物。因此芳香植物是集观赏、药用、食用价值于一身的特殊植物类型。主要的芳香植物有如下 4 类。

① 香草植物：柠檬香蜂草、薰衣草、迷迭香、罗勒、薄荷、洋甘菊、鼠尾草、茴香、牛至、藿香、紫苏、芫荽等。

② 香花植物：兰花、水仙、金粟兰、荷花、依兰、矢车菊、文殊兰、瑞香、桂花、含笑、白兰、白玉兰、梅花、水仙花、栀子花、蜡梅、米仔兰、玫瑰等。

③ 香树植物：肉桂、月桂、欧洲香杨、檀香树、小叶细辛、白千层、山油柑、

樟、窿缘桉、柑橘、柚等。

④ 香果植物：香荚兰、佛手、青花椒、胡椒。

尽管植物的味道不会直接刺激人的视觉神经，但是淡淡的幽香会令人愉悦，令人神清气爽，同样也会产生美感。因而芳香植物在园林中的应用非常广泛。例如拙政园的远香堂，南临荷池，每当夏日，荷风扑面，清香满堂，可以体会到周敦颐《爱莲说》中"香远益清"的意境；再如网师园中的小山丛桂轩，桂花开时，异香袭人，意境高雅。

天然的香气分为水果香型、花香型、松柏香型、辛香型、木材香型、薄荷香型、蜜香型、茴香型、薰衣草香型、苔藓香型等几种。据研究，香味对人体的刺激所起到的作用是各不相同的，所以应该根据环境以及服务对象选择适宜的芳香植物。

2.9.2　芳香植物的使用禁忌

芳香植物的运用拓展了园林景观的功能，现在园林中甚至出现了以芳香植物为主的专类园，并用以促进健康，即所谓"芳香疗法"。但应该注意的是有些芳香植物对人体是有害的，比如夹竹桃的茎、叶、花都有毒，其气味如闻得过久，会使人昏昏欲睡；夜来香在夜间停止光合作用后会排出大量废气，这种废气闻起来很香，但对人体健康不利，如果长期把它放在室内，就会引起头昏、咳嗽，甚至气喘、失眠；百合花所散发的香味如闻得过久，就会使人的中枢神经过度兴奋而引起失眠；松柏类植物所散发出来的芳香气味对人体的肠胃有刺激作用，如闻得过久，不仅影响人的食欲，而且会使孕妇烦躁恶心、头晕目眩；月季花所散发的浓郁香味，初觉芳香可人，时间一长会使一些人产生胸闷不适、呼吸困难的情况。可见，芳香植物也并非全都有益，设计师应该在准确掌握植物生理特性的基础上加以合理利用。

2.10　植物的声音

一般认为，植物是不会"发声"的，至少我们人类是听不到它们"交流"的，但通过设计师的科学布局、合理配置，植物也能够"欢笑""歌唱""低语""呐喊"……

2.10.1　借助外力"发声"

借助外力"发声"是指植物的叶片在风、雨、雪等的作用下发出声音，比如响叶杨——因其在风的吹动下叶片发出的清脆声响而得名。针叶树种最易发声，当风吹过树林，便会听到阵阵涛声，有时如万马奔腾，有时似潺潺流水，所以会有"松涛"（如龙岩老八景之一的"虎岭松涛"）、"万壑松风"等景点题名。还有一些叶片较大的植物也会产生音响效果，如拙政园的留听阁，因唐代诗人李商隐《宿骆氏亭寄怀崔雍崔衮》中的诗句"秋阴不散霜飞晚，留得枯荷听雨声"而得名。这对荷叶产生的音响效果进行了形象的描述。再如"雨打芭蕉，清声悠远"，唐代诗人白居易的"隔窗知夜雨，芭蕉先有声"最合此时的情景，就在雨打芭蕉的淅沥声中，飘逸出浓浓的古典情怀。

2.10.2 林中动物"代言"

还有一种声音源自林中的动物和昆虫，正所谓"蝉噪林逾静，鸟鸣山更幽"。植物为动物、昆虫提供了生活的空间，而这些动物又成为植物的"代言人"。要想创造这种效果就不能单纯地研究植物的生态习性，还应了解植物与动物、昆虫之间的关系，利用合理的植物配置为动物、昆虫营造一个适宜的生存空间。比如在进行植物配置时设计师可以选择结果植物或者蜜源植物，如矮紫杉、罗汉松、香榧、龟甲冬青、香樟、朴树、杨梅、女贞、厚皮香、荚蒾、桃叶珊瑚、十大功劳、火棘、黄杨、海桐、八角金盘等，借此吸引鸟类或者蝴蝶、蜜蜂，形成鸟语花香的优美景致。

总之，在植物景观设计过程中，不能仅考虑某一个设计因素，应在全面掌握植物观赏特性的基础上，根据景观的需要合理配置植物，创造优美的植物景观。观赏植物的特性，与一个设计的多样性和统一性、视觉感受和情感体验，以及室外环境的气氛，都有着直接的关系。因此，我们在进行设计创作时，应对其细心地研究，并将其与所有设计目的结合起来。

第 3 章

园林植物种植设计的生态学知识

3.1 环境因子与植物配置的关系

园林植物与其他事物一样，不能脱离环境而单独存在。环境中的温度、水分、光照、土壤、空气等因子对园林植物的生长和发育产生重要的生态作用。研究各生态因子对植物生长发育的影响是植物配置的前提和基础。在此基础上，考虑功能和艺术性的需要，合理配置植物，才能创造出稳定而优美的生态园林景观。

3.1.1 光照对植物的影响及其与植物配置的关系

3.1.1.1 光照对植物的影响

光是绿色植物的生存条件之一。绿色植物通过光合作用将光能转化为化学能，为地球上的生物提供了生命活动的能源。光对园林植物的影响主要表现在光照强度、日照时间和光质三个方面。

（1）光照强度对植物的影响

植物对光照强度的要求，通常通过光补偿点和光饱和点来表示。光补偿点又叫收支平衡点，就是光合作用所产生的碳水化合物与呼吸作用所消耗的碳水化合物达到动态平衡时的光照强度。在这种情况下，植物不会积累干物质，即光照强度降低到一定限度时，植物的净光合作用等于零。如果能测试出每种植物的光补偿点，就可以了解其生长发育所需的光照强度，从而预测植物的生长发育状况及观赏效果。在补偿点以上，随着光照的增强，光合强度逐渐提高，这时光合强度就超过呼吸强度，干物质开始在植物体内积累，但是到一定值后再增加光照强度，则光合强度却不再增加，这种现象叫光饱和现象，这时的光照强度就叫光饱和点。在自然界的植物群落组成中，可以看到乔木层、灌木层、地被层，各层植物所处的光照条件都不同，这就是长期适应的结果，也形成了植物对光照的不同习性。根据植物对光照强度的要求，习惯上将植物分成以下三类。

① 阳性植物 要求较强光照，不耐荫蔽，在全光照下生长良好，在弱光条件下枝条纤细，叶片黄瘦，花小而淡，开花不良。在自然植物群落中，大多为上层乔木，如落叶松、水杉、臭椿、乌桕、泡桐、木棉、印度榕、银杏、木麻黄、椰子、棕榈等，以及部分灌木和多数一年生、二年生草本植物等（图3-1）。

图 3-1　阳性植物作为群植树丛的上层结构

② 阴性植物 多产于热带雨林或高山阴坡及林下，一般需光度为全日照的5%～20%，不能忍耐过强光照。在自然植物群落中常处于中下层，或生长在潮湿背阴处，如蕨类、蜘蛛抱蛋、人参、三七、秋海棠等（图3-2）。

图 3-2　阴性植物作为群植树丛的下层结构

③中性植物（耐阴植物）　在充足的阳光下生长最好，但也有不同程度的耐阴能力，在全光照、高温干旱时生长受抑制，如七叶树、五角枫、樱花、绣球、山茶、杜鹃等。开花时间也因光照强弱而发生变化，有的要在光照强时开花，如郁金香、酢浆草等；有的需要在光照弱时才开花，如牵牛花、月见草和紫茉莉等。在自然状况下，植物的花期是相对固定的，如果人为地调节光照改变植物的受光时间则可控制花期以满足人们造景的需要。光照强弱还会影响植物茎叶及开花的颜色，冬季在室内生长的植物，茎叶皆是鲜嫩的淡绿色，春季移至直射光下，则产生紫红色或棕色色素。

（2）日照时间对植物的影响

光周期是一天内白昼和黑夜交替的时长。有些植物开花等现象的发生取决于光周期的长短及其变换，植物对光周期的这种反应称为光周期效应，这种现象称为光周期现象。按植物对日照时间长短需求的不同把植物分为以下三类。

①长日照植物　在开花以前需要有一段时间，每日的光照时长大于14h的临界时长，这类植物称为长日照植物。如果满足不了这个条件，植物将仍然处于营养生长阶段而不能开花。反之，日照越长，开花越早。如唐菖蒲是典型的长日照植物。

②短日照植物　在开花前需要一段时间，每日的光照时长少于12h的临界时长的植物称为短日照植物。日照时长越短，则开花越早，但每日的光照时长不得短于维持生长发育所需的光合作用时间。如一品红和菊花是典型的短日照植物。

③中间性植物　对光照与黑暗的长短没有严格的要求，只要发育成熟，无论在长日照条件或短日照条件下均能开花。大多数植物属于此类，如月季、扶桑、天竺葵、美人蕉等。

大多数长日照植物发源于高纬度地区，短日照植物发源于低纬度地区，而中间性植物则各地带均有分布。日照的长短对植物的营养生长和休眠也有重要的影响。一般而言，延长光照时长会促进植物的生长或延长生长期，缩短光照时长则会促进植物进入休眠或缩短生长期。短日照植物置于长日照下，常常长得高大；而把长日照植物置于短日照下，则节间缩短，甚至呈莲座状。光周期对植物的花色、性别也有影响。如苎麻属雌雄同株，在14h的长日照下仅形成雄花，而在8h的短日照下则形成雌花。

（3）光质对植物的影响

对植物起着重要作用的主要是可见光，但紫外线和红外线部分对植物也有作用。一般而言，植物在全光范围，即在白光下才能正常生长发育，但是白光中的不同波长对植物的作用是不完全相同的。如青、蓝、紫光对植物的加长生长有抑制作用，对幼芽的形成、细胞的分化有重要作用；它们还能抑制植物体内某些生长激素的形成，从而抑制茎的伸长，并产生向光性；它们还能促进花青素的形成，使花朵色彩更加艳丽，使秋色叶树种叶色更加鲜艳。

3.1.1.2 光照与植物配置的关系

（1）划分植物的耐阴等级，为植物配置提供依据

目前，根据经验来判断植物的耐阴性是植物配置的惯用手段，但极不精确，因此很有必要把园林中的常用植物都在不同光照强度下进行生长发育、光合强度及光补偿点的测定，并根据数据来划分其耐阴等级。同时要注意，植物的耐阴性是相对的，其喜光程度与纬度、气候、土壤、年龄等条件有密切关系。

（2）园林植物耐阴性在植物配置与造景中的应用

在植物配置与造景时，对温度、水分、土壤因子都可以通过适地适树以及加强管理、换土等措施来满足和控制，而植物的耐阴性，只有通过对其耐阴程度的了解，才能在顺应自然的基础上，科学地配置。比如杜鹃宜植于林缘，孤立树的树冠正投影边缘，或上层乔木枝下高较高、枝叶稀疏、密度不大的地方；山茶花植于白玉兰树下，则花、叶均茂，早春红、白花朵相继而开；垂丝海棠植于桂花丛中、香樟树下及建筑物北面均开花茂盛。

另外，在园林实践中，也可通过调节光照来控制花期以满足造景需要。例如，一品红为短日照植物，正常花期在 12 月中下旬，为了使其在"十一"开花，一般在 8 月上旬就开始进行遮光处理，每天见光 8 ~ 10h，可以用来在国庆布置花坛、美化街道以及各种场合造景。

3.1.2 温度对植物的影响及其与植物配置的关系

3.1.2.1 温度对植物的影响

温度的变化直接影响植物的光合作用、呼吸作用、蒸腾作用等生理作用。每种植物的生长都有最低、最适、最高温度，称为温度的三基点。一般来说，植物生长的温度范围为 4 ~ 36℃。

（1）温度对植物分布的影响

各种植物的遗传特性不同，对温度的适应能力也有很大差异，因此温度因子影响了植物的生长发育，从而限制了植物的分布范围。我国南北气温变化大，气候带多样，主要分布的植物景观有：寒温带针叶林景观（图 3-3）、温带针阔叶混交林景观、暖温带落叶阔叶林景观、亚热带常绿阔叶林景观、热带雨林景观（图 3-4）。

图 3-3　寒温带针叶林景观

图 3-4　热带雨林景观

（2）温度对植物生长发育的影响

植物对昼夜温度变化的适应性称为"温周期"，植物的温周期特性与植物的遗传特性和原产地日温变化的特性有关。一般而言，原产于大陆性气候地区的植物在日变幅为 10 ～ 15℃条件下生长发育最好，原产于海洋性气候区的植物在日变幅为 5 ～ 10℃条件下生长发育最好，一些热带植物能在日变幅很小的条件下生长发育良好。

温度对园林植物开花的影响首先表现在花芽分化方面。例如，水仙花芽分化的最适温度为 13 ～ 14℃，而花芽伸长的最适温度为 9℃左右。其次，温度对花色也有一定的影响，其原因是花青素的形成与积累受温度的控制，温度适宜时，花色艳丽，反之则暗淡。如矮牵牛在 30 ～ 35℃高温下，花瓣完全呈蓝色或紫色；而在 15℃时则呈白色；在上述两者之间的温度范围内，就开出蓝和白的复色花。

（3）园林植物对温度的调节作用

① 园林植物的遮阴作用　夏季，绿化状况好的绿地中的气温比没有绿化地区的气温低 3 ～ 5℃，较建筑物下甚至低约 10℃。

② 园林植物群落对营造局部小气候的作用　夏天，各种建筑物的吸热作用使得城市气温较高；而绿地内，特别是结构比较复杂的植物群落或片林，其树冠反射和吸收等作用使绿地内部气温较低。冬季绿地的温度要比没有绿化的地面高出 1℃ 左右，冬季有林区比无林区的气温要高出 2 ～ 4℃。因此，森林不仅能稳定气温和减小气温变幅，还可以减轻类似日灼和霜冻等危害。

③ 园林植物对热岛效应的消除作用　增加园林绿地面积能减少甚至消除热岛效应。

3.1.2.2　温度与植物配置的关系

我国地大物博，各地温度和物候差异很大，所以植物景观变化很大。这就造就了各地特色的植物景观。在园林植物配置与造景时，应尽量顺应当地温度条件，应用适合本地温度条件的植物种类，提倡应用乡土树种，控制南树北移、北树南移，或经栽培试验可行后再用。如椰子在海南岛南部生长旺盛，硕果累累；到了北部则果实变小，产量显著降低；在广州不仅不结实，甚至还会发生冻害。又如凤凰木原产于热带非洲，在当地生长十分旺盛，花先于叶开放；引至海南岛南部，花期明显缩短，有花叶同放现象；引至广州，大多变成先叶后花，花的数量明显减少，甚至只有叶片而不开花，大大影响了景观效果。

3.1.3　水分对植物的影响及其与植物配置的关系

水分是植物体的重要组成成分，无论是植物对营养物质的吸收和运输，还是植物体内进行的一系列生理生化反应，都必须在水分的参与下才能进行。水也是影响植物形态结构、生长发育等的重要生态因子。水分对植物的影响体现在两个方面：一个是空气湿度，另一个是土壤水分。

3.1.3.1　空气湿度对植物的影响

空气湿度对植物生长具有很大的作用。在自然界，云雾缭绕、高海拔的山上，有着千姿百态、万紫千红的观赏植物，它们长在岩壁上、石缝中，或附生于其他植物上，这类植物没有坚实的土壤基础，它们的生存与较高的空气湿度息息相关。如在高温高湿的热带雨林中，高大的乔木上通常附生有大型的蕨类，如巢蕨、书带蕨等，它们呈悬挂下垂姿态，抬头远望，就如空中花园；兰花、秋海棠类、龟背竹等喜湿花卉，要求空气相对湿度不低于80%；茉莉、白兰、扶桑等中湿花卉，要求空气湿度不低于60%。

3.1.3.2　土壤水分对植物的影响

不同的植物种类，由于长期生活在不同水分条件的环境中，因此形成了对水分需求关系上不同的生态习性和适应性。根据植物对水分的需求，可把植物分为水生、湿生（沼生）、中生、旱生等生态类型。它们在外部形态、内部组织结构、抗旱和抗涝能力以及植物景观上都是不同的。

（1）旱生植物

旱生植物是在干旱的环境中能长期忍受干旱而正常生长发育的植物类型。这类植物多见于雨量稀少的荒漠地区（图3-5）和干燥的草原上，个别的也可见于城市环境中的屋顶、墙头、危岩陡壁上。根据它们的形态和适应环境的生理特性又可分为少浆植物或硬叶旱生植物（如柽柳、胡颓子、沙枣），多浆植物或肉质植物（如龙舌兰、仙人掌），冷生植物或低矮植物（如骆驼刺）三类。

图3-5　旱生植物

（2）中生植物

中生植物是不能忍受过干和过湿条件的植物。大多数植物属于中生植物（图3-6）。

图3-6　中生植物

（3）湿生植物

湿生植物适于生长在水分比较充裕的环境下，不能忍受长时间的水分不足，在土壤短期积水时，可以生长，土壤过于干旱时易死亡或生长不良，是抗旱力最弱的陆生植物。根据实际的生态环境又可分为阳性湿生植物（如鸢尾、落羽杉、池杉、水松）和阴性湿生植物（如蕨类、海芋和秋海棠等）。阳性湿生植物如图3-7所示。

（4）水生植物

生长在水中的植物叫水生植物，如挺水植物、浮水植物、漂浮植物、沉水植物。园林中有不同类型的水面：河、湖、塘、溪、潭、池等，不同水面的水深、面积、形状不一，必须选择相应的植物来美化（图3-8）。

图3-7　阳性湿生植物

图3-8　水生植物

3.1.4　土壤对植物的影响及其与植物配置的关系

土壤是园林植物生长的基质，一般栽培园林植物所用土壤应具备良好的团粒结构，质地疏松，肥沃，排水和保水性能良好，并含有丰富的腐殖质和适宜的酸碱度。

3.1.4.1　土壤物理性质对植物的影响

土壤物理性质主要是指土壤的机械组成。理想的土壤应是疏松、有机质丰富、保水和保肥力强、有团粒结构的土壤。团粒结构内的毛细管孔隙＜0.1mm，有利于存储大量水、肥；而团粒结构间非毛细管孔隙＞0.1mm，有利于通气、排水。植物在理想的土壤上生长得健壮长寿，而城市土壤的物理性质具有以下几种特殊性。

① 城市内由于人流量大，人踩车压，因此土壤密度增加，土壤透水和保水能力降低。

② 土壤被踩紧实后，土壤内孔隙度降低，土壤通气不良，抑制植物根系的伸长生长。

③ 城市内一些地面用水泥、沥青、砖等铺装，封闭性强，留出树池很小，也造成土壤透气性差，硬度大。

④ 大部分裸露地面夏季吸热性较强，提高了土壤温度。

所有这些因素都是植物生长的不利因素。

3.1.4.2 土壤不同酸碱度的植物生态类型

自然界中土壤酸碱度受气候、母岩及土壤中的无机和有机成分、地形地势、地下水和植物等因子所影响。根据我国土壤酸碱性情况，可把土壤酸碱度分为 5 级：pH < 5.0 为强酸性，pH = 5.0 ～ 6.5 为酸性，pH = 6.5 ～ 7.5 为中性，pH = 7.5 ～ 8.5 为碱性，pH > 8.5 为强碱性。

根据园林植物对土壤酸碱度的要求，可以将其分为以下几类。

① 酸性土植物　在酸性土壤上生长较好，一般 pH < 6.5，这些植物在碱性土或钙质土中不能生长或生长不良，它们多分布在高温多雨地区，如杜鹃、山茶、白兰、含笑、茉莉、绣球、肉桂、棕榈、印度榕、栀子、油茶等。

② 中性土植物　在中性土壤上生长最佳的种类，绝大多数园林植物属于此类。

③ 碱性土植物　在或轻或重的碱性土壤上生长最好的种类，也有少部分园林植物能忍耐一定的盐碱，称为耐碱土植物，如仙人掌、玫瑰、柽柳、白蜡、木槿、紫穗槐、木麻黄（图 3-9）等。

图 3-9　木麻黄在盐碱地里生长良好

④ 钙质土植物　含有游离碳酸钙的土壤称为钙质土，有些植物在钙质土壤上生长良好，称为"钙质土植物（喜钙植物）"，如南天竹、柏木、臭椿等。

3.1.4.3 基岩与植物景观

不同的岩石风化后形成不同性质的土壤，不同性质的土壤上有不同的植被，具有不同的植物景观。岩石风化物对土壤性状的影响，主要表现在物理和化学性质上。如土壤厚度、质感、结构、水分、空气、湿度、养分以及酸碱度等。如石灰岩主要由碳酸钙组成，属钙质岩类风化物。风化过程中，碳酸钙可被酸性水溶解，大量随水流失，土壤中缺乏磷和钾，多具石灰质，呈中性或碱性反应，土壤黏实，易干，不适合针叶树生长，适合喜钙耐旱植物生长，上层乔木则以落叶树占优势。如杭州龙井寺附近及烟霞洞多属石灰岩，乔木树种有珊瑚朴、大叶榉、榔榆、杭州榆、黄连木，灌木树种有南天竹和白瑞香，植物景观常以秋景为佳，秋色叶绚丽夺目。砂岩属硅质岩类风化物，其组成中含大量石英，坚硬，难风化，营养元素贫乏，多构成陡峭的山脊、山坡，在湿润条件下，形成酸性土。流纹岩也难风化，在干旱条件下，多石砾或砂砾质，在温暖湿润条件下呈酸性或强酸性，形成红色黏土或砂质黏土。杭州云栖及黄龙洞就分别为砂岩和流纹岩，植被组成中以常绿树种较多，如米槠、苦槠、浙江楠、紫楠、香樟等，也适合马尾松、毛竹生长。

3.1.5　空气对植物的影响及其与植物配置的关系

3.1.5.1　空气对植物的影响

空气对园林植物的影响是多方面的。空气中的二氧化碳和氧气都是植物光合作用的主要原料和物质条件，这两种气体直接影响植物的健康生长与开花状况。如空气中的二氧化碳含量由0.03％提高到0.1％，可大大提高植物光合作用的效率。因此，在植物的养护栽培中有的就应用了二氧化碳发生器。空气中供植物呼吸的氧气是足够的，但土壤中含水量过高或结构不良等情况，可能使土壤空气的浊化过程加重而更新过程减缓，从而使土壤中氧气含量降低，二氧化碳和其他有毒气体含量增高，植物根系因呼吸缺氧抑制根的伸长并影响全株的生长发育，甚至会引起植物窒息死亡。

3.1.5.2　空气污染对植物的影响

空气污染物浓度超过植物的忍耐限度，会使植物的细胞和组织器官受到伤害，生理功能和生长发育受阻，产量下降，群落组成发生变化，甚至造成植物个体死亡，种群消失。植物受空气污染物伤害一般分为两类：受高浓度空气污染物袭击，短期内叶片上即出现坏死斑，称为急性伤害；长期与低浓度污染物接触，因而生长受阻，发育不良，出现失绿、早衰等现象，称为慢性伤害。

空气污染物中对植物影响较大的是二氧化硫、氟化物、氧化剂和乙烯。氮氧化物也会伤害植物，但毒性较小。氯、氨和氯化氢等虽会对植物产生毒害，但一般是由事故性泄漏引起，危害范围不大。以下为常见空气污染物对植物产生的影响。

① 二氧化硫进入叶片气孔后，遇水变成亚硫酸，进一步形成亚硫酸盐。当二氧化硫浓度超过植物自行解毒能力（即转成毒性较小的硫酸盐的能力）时，积累起来的亚硫酸盐可使海绵细胞和栅栏细胞产生质壁分离，然后收缩或崩溃，叶绿素分解。在

叶脉间，或叶脉与叶缘之间出现点状或块状伤斑，产生失绿漂白或褐色变黄的条斑。但叶脉一般保持绿色不受伤害。受害严重时，叶片萎蔫下垂或卷缩，经日晒失水干枯或脱落。

② 氟化氢进入叶片后，常在叶片先端和边缘积累，达到足够浓度时，使叶肉细胞产生质壁分离而死亡。故氟化氢所引起的伤斑多半集中在叶片的先端和边缘，成环带状分布，然后逐渐向内发展。严重时叶片枯焦脱落。

③ 氯气对叶肉细胞有很强的杀伤力，能很快破坏叶绿素，产生褐色伤斑，严重时全叶漂白脱落。其伤斑与健康组织之间没有明显界限。

3.1.5.3 园林植物对空气污染的抗性

空气污染是制约环境绿化的一个重要因素，而环境绿化却又是改善生态环境、降低空气污染程度的最根本手段。为实现两者之间的良性循环，首先要解决好树种的选择问题。

① 抗二氧化硫的植物 桧柏、侧柏、白皮松、云杉、香柏、臭椿、槐、刺槐、加杨、毛白杨、柳属、柿、君迁子、胡桃、山桃、小叶白蜡、白蜡、北京丁香、火炬树、紫薇、银杏、栾、悬铃木、白杜、胡颓子、沙枣、板栗、太平花、蔷薇、珍珠梅、山楂、枸子、欧洲绣球、紫穗槐、木槿、雪柳、黄栌、金银忍冬、连翘、大叶黄杨、小叶黄杨、地锦、忍冬、菖蒲、鸢尾、玉簪、金鱼草、蜀葵、晚香玉、鸡冠花、酢浆草等。

② 抗氟化氢的植物 白皮松、桧柏、侧柏、银杏、构树、胡颓子、悬铃木、槐、臭椿、龙爪柳、垂柳、泡桐、紫薇、紫穗槐、连翘、朝鲜忍冬、忍冬、丁香、大叶黄杨、欧洲绣球、小叶女贞、海州常山、接骨木、地锦、五叶地锦、鸢尾、金鱼草、万寿菊、紫茉莉、蜀葵等。

③ 抗以氯气为主的有毒气体的植物 花曲柳、桑、旱柳、山桃、皂荚、忍冬、水蜡、榆、黄檗、卫矛、紫丁香、茶条槭、刺槐、刺榆、木槿、枣、紫穗槐、梣叶槭、夹竹桃、小叶朴、加杨、柽柳、银杏、臭椿、连翘、樱花、丝棉木、接骨木、乌柏、龙柏、海桐、小叶黄杨、女贞、棕榈、丝兰、香樟、枇杷、石榴、构树、泡桐、葡萄、天竺葵等。

在园林实践中，对植物景观影响较大的是一些有害气体。它们直接威胁着园林植物的生长发育。因此，在园林植物配置与造景时，要因地制宜，选择对有害气体有抗性的园林植物。

在整个生态环境中，各生态因子对园林植物的影响是综合的，也就是说植物是生活在综合的环境因子中，缺乏任一因子，植物均不能正常生长。同时，环境中的各生态因子又是相互联系、相互制约的，环境中任何一个单因子的变化必将引起其他因子不同程度的变化。例如光照强度的变化，常会直接引起气温和空气相对湿度的变化，从而引起土壤温度和湿度的变化。

虽然各生态因子都是植物生长发育所必需的，缺一不可的，但对某一种植物，甚至植物的某一个生长发育阶段的影响，往往有 1～2 个因子起着决定性的作用。这种起决定作用的因子就称为"主导因子"。如热带兰花大多是热带雨林植物，其主导因子是高温高湿，仙人掌是热带草原植物，其主导因子是高温干燥，这两种植物离开高温都要死亡。又如高山杜鹃，在引种到低海拔平地时，空气湿度是其存活的主导因子。

因此，在植物造景过程中要科学分析，研究每种植物的生物学特性及其生长习性，根据实际的环境条件，合理进行安排。

3.2 生态位与植物配置的关系

3.2.1 生态位的概念

生态位是指一个物种在生态系统中的功能作用以及它在时间和空间中的地位，反映了物种与物种之间、物种与环境之间的关系。

基础生态位是指一个物种理论上所能栖息的最大空间，但实际上很少有一个物种能全部占据基础生态位。

实际生态位是指由于竞争的存在，该物种只能占据基础生态位的一部分，即实际栖息空间要小得多，称为实际生态位。

3.2.2 生态位原理在植物配置中的应用

在城市园林绿地建设中，应充分考虑物种的生态位特征，合理选配植物种类，避免种间直接竞争，形成结构合理、功能健全、种群稳定的复层群落结构，以利于种间互相补充。既充分利用环境资源，又能形成优美的景观。根据不同地域环境的特点和人们的要求，建植不同的植物群落类型。如在污染严重的工厂应选择抗性强、对污染物吸收强的植物种类；在医院、疗养院应重点选择具有杀菌和保健功能的植物种类；街道绿化要选择易成活，对水、土、肥要求不高，耐修剪、抗烟尘、树干挺直、枝叶茂密、生长迅速而健壮的树种；山上绿化要选择耐旱树种，并有利于山景的衬托；滨水绿化要选择耐湿的植物，要与水景协调；等等。

某些植物如同水火不相容一样不能共同生存，一种植物的存在导致其他植物的生长受到抑制甚至死亡，或者两者都受到抑制。当然，也有部分植物种植在一起，会互相促进生长。因此，在设计人工植物群落种间组合进行植物配置与造景时，要区别哪些植物可以"和平共处"，哪些植物"水火不容"。下面介绍一些植物相克或相生的例子。

（1）相克

① 黑胡桃不能与松树、苹果、马铃薯、番茄、紫花苜蓿及各种草本植物栽植在一起，而能与悬钩子属植物共生。

② 若苹果树行间种马铃薯、芹菜、胡麻、燕麦、苜蓿等植物，苹果树的生长则会受到抑制，因为马铃薯的分泌物能降低苹果根部和枝条的含氧量，使其发育受阻，但苹果园种南瓜可使南瓜增产。

③ 刺槐、丁香、薄荷、月桂等能分泌大量的芳香物质，对某些邻近植物的生长有抑制作用。

④ 榆树与栎树、白桦不能间种。

⑤ 丁香与铃兰、水仙与铃兰、丁香与紫罗兰不能混种。

⑥ 桃树与茶树不能间种，否则茶树枝叶枯萎，桃树周围也不能种植杉树，否则不能成材。

（2）相生

① 皂荚、白蜡与七里香在一起，可促进种间结合。

② 葡萄园种紫罗兰，结出的葡萄香味更浓。

③ 胡桃与山楂间种可以互相促进，山楂的产量比单种高。

④ 牡丹与芍药间种，能明显促进牡丹生长。

第4章

园林植物的表现方法

4.1 园林植物的平面表现方法

4.1.1 乔木的平面表现方法

乔木的平面表示可以以树干位置为圆心、树冠平均半径为半径画出圆，再加以表现，其表现手法非常多，表现风格变化很大。根据不同的表现手法可将乔木的平面表示划分成以下四种类型（图4-1）。

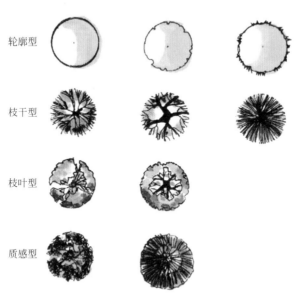

轮廓型

枝干型

枝叶型

质感型

图4-1 乔木的平面表现方法

① 轮廓型 确定种植点，绘制树木平面投影的轮廓，可以是圆，也可以带有棱角或者凹缺。

② 枝干型　画出树木的树干和枝条的水平投影，用粗细不同的线条表现树木的枝干。

③ 枝叶型　在枝干型的基础上添加植物叶丛的投影，可以利用线条或者圆点表现枝叶的质感。

④ 质感型　在树木平面中只用线条的组合或排列表现树冠的质感。

在绘制的时候为了方便识别和记忆，树木的平面图例最好与其形态特征相一致，尤其要注意针叶树与阔叶树图例的区分，如图4-2所示。以下分别提供一些平面图例，仅供参考，如图4-3、图4-4所示。

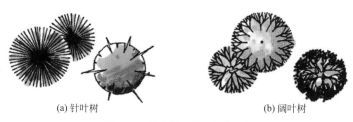

(a) 针叶树　　　　　　　　　　　　(b) 阔叶树

图 4-2　针叶树、阔叶树区分

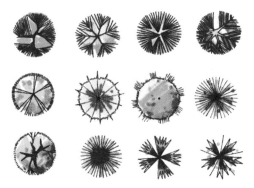

图 4-3　常见针叶树平面图例

图 4-4　常见阔叶树平面图例

4.1.2　树冠的避让

　　为了使图面简洁清楚、避免遮挡，基地现状资料图、详图或施工图中的树木平面可用简单的轮廓线表示，有时甚至只用小圆圈标出树干的位置。在设计图中，当树冠下有花台、花坛、花境或水面、石块和竹丛等较低矮的设计内容时，树木平面也不应过于复杂，要注意避让，不要挡住下面的内容（图4-5）。但是，若只是为了表示整个树木群体的平面布置，则可以不考虑树冠的避让，应以强调树冠平面为主。

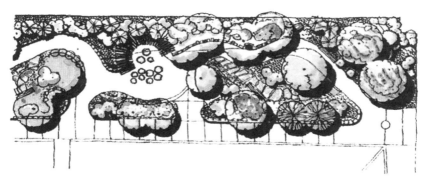

图 4-5　树冠的避让

4.1.3　乔木的平面落影

　　乔木的落影是平面乔木重要的表现方法，它可以增加图面的对比效果，使图面明快、有生气。乔木的地面落影与树冠的形状、光线的角度和地面条件有关，在平面图中常用落影圆表示，有时也可根据树形稍稍作些变化，如图4-6所示。

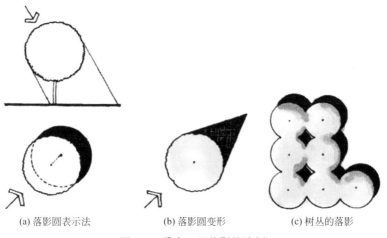

(a) 落影圆表示法　　　　　(b) 落影圆变形　　　　　(c) 树丛的落影

图 4-6　乔木平面落影的绘制

绘制乔木落影的具体方法如下：先选定平面光线的方向，定出落影量，以等圆作树冠圆和落影圆，然后擦去树冠下的落影，将其余的落影涂黑，并加以表现。对不同质感的地面可采用不同的树冠落影表现方法。

4.1.4　灌木丛、地被的平面表现方法

灌木没有明显的主干，平面形状有曲有直。自然式栽植灌木丛的平面形状多不规则，修剪的灌木和绿篱的平面形状多为规则或不规则但平滑的。灌木的平面表示方法与乔木类似，通常修剪的规整灌木可用轮廓型、枝干型或枝叶型表示，不规则形状的灌木平面宜用轮廓型和质感型表示，表示时以栽植范围为准，如图4-7所示。

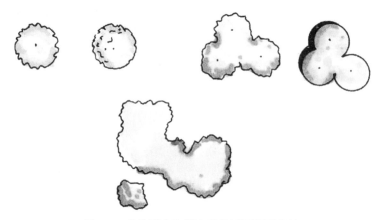

图4-7　单株灌木和灌木丛的平面表现方法

地被宜采用轮廓勾勒和质感表现的形式。作图时应以地被栽植的范围线为依据，用不规则的细线勾勒出地被的范围轮廓，如图4-8所示。

图4-8　地被的平面表现方法

4.1.5　草坪的平面表现方法

在园林景观中，草坪作为景观基底占有很大的面积，在绘制时同样也要注意其表现的方法，最为常用的就是打点法，如图 4-9 所示。

图 **4-9**　草坪的平面表现方法

（1）打点法

用小圆点表示草坪，并通过圆点的疏密变化表现明暗或者凸凹效果，并且将在树木、道路、建筑物的边缘或者水体边缘的圆点适当加密，以增强图面的立体感和装饰效果。

（2）线段排列法

线段排列要整齐，行间可以有重叠，也可以留有空白，当然也可以用无规律排列的小短线或者线段表示。这一方法常常用于表现管理粗放的草地或者草场。

此外，还可以利用上面两种方法表现地形等高线，并注意草坪和地被的区别，如图 4-10 所示。

地被植物

图 **4-10**　草坪、地被的区别

4.2 园林植物的立面表现方法

4.2.1 乔木的立面表现方法

乔木的立面就是乔木的正面或者侧面投影，其表现方法分为轮廓型、枝干型、枝叶型三种类型，如图 4-11 所示。此外，按照表现方法不同，乔木的立面表现还可以分为写实型（图 4-12）和图案型（图 4-13），其风格应与树木平面和整个图面相一致。

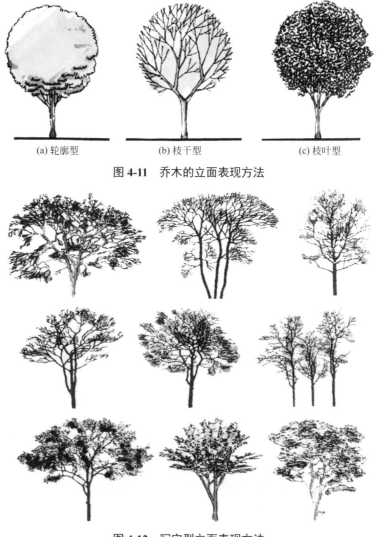

| (a) 轮廓型 | (b) 枝干型 | (c) 枝叶型 |

图 4-11　乔木的立面表现方法

图 4-12　写实型立面表现方法

园林景观必修课：园林植物种植设计

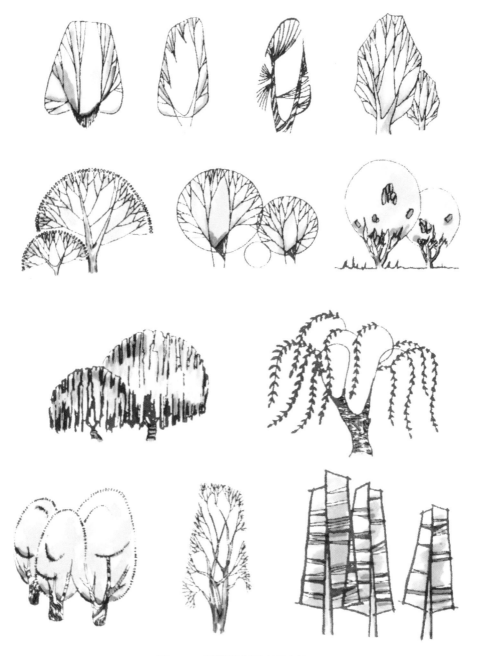

图 4-13　图案型立面表现方法

　　落叶乔木的立面表现以枝干型为主，绘制时应抓住每一个品种枝干的特点加以描绘，如图 4-14 所示。常绿乔木的立面表现以轮廓型或枝叶型为主，如图 4-15所示。

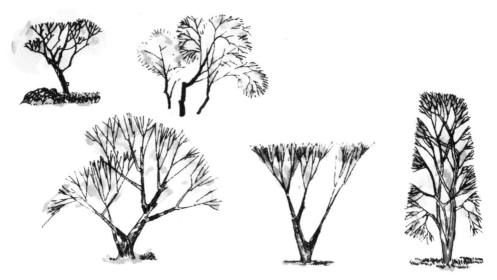

图 4-14　落叶乔木的立面表现方法

图 4-15　常绿乔木的立面表现方法

4.2.2 灌木的立面表现方法

灌木立面或立体效果的表现方法与乔木相似，只不过灌木一般无主干，分枝点较低，体量较小，枝条呈丛生状，绘制的时候应该抓住每一个品种的特点加以描绘。表现方法分为轮廓型、枝干型、枝叶型三种类型，如图4-16、图4-17所示。

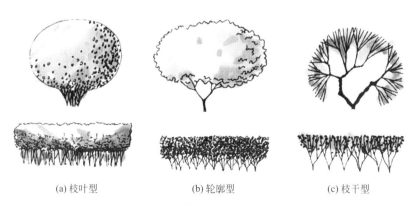

(a) 枝叶型 (b) 轮廓型 (c) 枝干型

图 4-16　灌木的立面表现方法

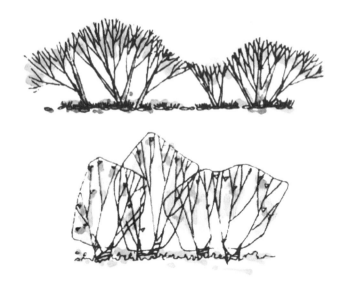

图 4-17　灌木丛的立面表现方法

4.2.3 树木平面、立面的统一

树木在平面、立（剖）面图中的表示方法应相同，表现手法和风格应一致，并保证树木的平面冠径与立面冠幅相等，平面与立面对应，树干的位置处于树冠圆的圆心。这样绘制出的平面、立（剖）面图才和谐，如图4-18所示。

图 4-18　树木平面、立面的统一

4.3　园林植物的效果图表现方法

4.3.1　乔木的效果图表现方法

乔木的效果图表现要比平面、立面的表现复杂些，要想将植物描绘得更加逼真，必须长期观察和大量练习。绘制乔木景观效果图时，一般是按照由主到次、由近及远的顺序；对于单株乔木而言，要按照由整体到细部、由枝干到叶片的顺序进行描绘。

（1）外观形态的表现

尽管树木种类繁多，形态多样，但都可以简化成球形、圆柱形、圆锥形等基本几何形体，如图 4-19 所示。首先将乔木大体轮廓勾勒出来，然后再进行下一步描绘。

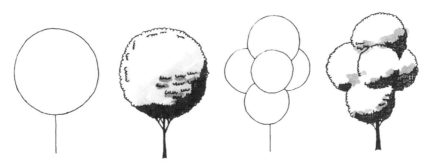

图 4-19　外观形态的表现方法

（2）枝干的表现

树木的枝干都近似为圆柱体，所以在绘制的时候可以借助圆柱体的透视效果简化作图。另外，为了保证效果逼真，还应该注意树木枝干的生长状态和纹理。比如胡桃楸等植物的树皮呈不规则纵裂［图 4-20（a）］；油松分节生长，老时表皮鳞片状开裂［图 4-20（b）］，而多数幼树一般树皮较为光滑或浅裂［图 4-20（c）］；梧桐树皮翘起，具有花斑［图 4-20（d）］；等等。总之，要抓住植物树干的主要特点进行描绘。

图 4-20　枝干的表现方法

（3）叶片的表现

如图 4-21 所示，描绘叶片时主要表现叶片的形状及着生方式，重点刻画树木边缘和明暗分界处以及前景受光的叶子，至于大块的明部、中间色和暗部可用不同方向的笔触加以概括。

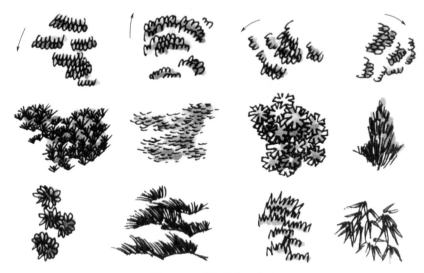

图 4-21　叶片的表现方法

（4）光影的表现

按照光源与观察者的相对位置分为迎光和背光，两种条件下物体的明暗面和落影是不同的，如图 4-22 所示。所以，绘制效果图时，首先应该确定适宜的阳光照射方向和照射角度，然后根据几何形体的明暗变化规律确定明暗分界线，再利用线条或者色彩区分明暗界面（图 4-23），最后根据经验或者制图原理绘制树木在地面及其他物体表面上的落影。

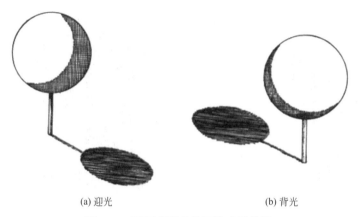

(a) 迎光　　　　　　　　　　　　　(b) 背光

图 4-22　不同光照条件下的光影效果

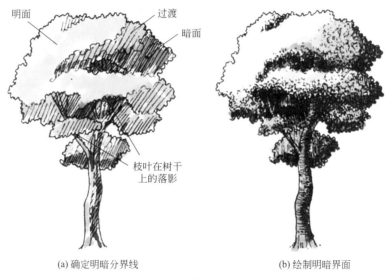

(a) 确定明暗分界线   (b) 绘制明暗界面

图 4-23 树木的光影表现

（5）远景与近景的表现

通过远景与近景的相互映衬，可以提高效果图的层次感和立体感。首先应该注意树木在空间距离中的透视变化，分清楚远近树木在光线作用下的明暗差别。通常，近景树特征明显，层次丰富，明暗对比强烈；中景树特征较模糊，明暗对比较弱；远景树只有轮廓特征，如图 4-24 所示。

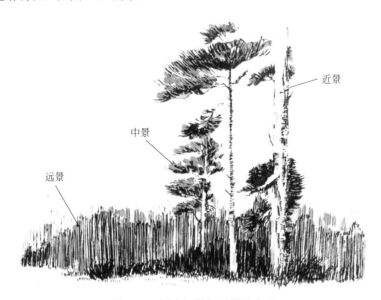

图 4-24 树木远景与近景的表现

4.3.2 特殊形态植物的表现手法

竹丛、垂柳、雪松、棕榈等特殊形态植物的表现手法如图 4-25 ～图 4-28 所示。

图 4-25 竹丛的表现手法

图 4-26 垂柳的表现手法

图 4-27 雪松的表现手法

图 4-28 棕榈的表现手法

第 5 章

园林植物种植设计的形式美法则

5.1　形式美法则的含义

　　"美"是美学的重要范畴之一。在人类社会的发展史和现实社会生活中，美具有重要的地位和作用。人们都在有意无意地欣赏着周围的美、形式的美，并且有意无意地运用着形式美法则。

　　在现实生活中，人们由于所处经济地位、文化素质、思想习俗、生活理想、价值观念等不同而具有不同的审美观念。然而单从形式条件来评价某一事物或某一视觉形象时，对于美或丑的感觉在大多数人中间存在着一种基本相通的共识。这种共识是有规律可循的，是可以探求和总结的。

　　形式美法则是人类在创造美的形式、美的过程中对美的形式规律的经验总结和抽象概括；是对自然美加以分析、组织、利用并形态化了的反映；是在判断一个形象的美丑时，忽略它原有的意义及内容，单从它的形式去研究或鉴赏的方法。人们认识到形式美的特殊作用之后，对美的事物外在特征进行规律性的抽象概括，依照这个法则进行美的创造，并进一步丰富和发展了形式美法则的内容。

　　在西方，自古希腊时代就有一些学者与艺术家提出了美的形式法则理论。时至今日，形式美法则作为一种形式法则，它有着普遍性和通用性，是一切视觉艺术都应遵循的美学法则，贯穿于包括绘画、雕塑、建筑、园林景观等在内的众多艺术形式之中，并在设计过程中体现出它的重要性。形式美法则作为现代设计的理论基础知识，主要包括统一与变化、和谐与对比、对称与均衡、节奏与韵律、比例与尺度等。

5.2　形式美法则在植物种植设计中的作用

　　在日常生活中，美是每一个人追求的精神享受。探讨形式美法则，是所有设计学科共通的课题。那么，它在植物种植设计中意义何在呢？

植物种植设计作为园林设计的一个重要内容，其艺术构图的形式美法则是通用的。在进行园林植物景观设计时运用相应的形式美法则，能够使人工建造的植物景观与整体的设计风格一致并具备多元化的艺术形式（图5-1）。

① 研究、探索形式美法则，能够培养我们对形式美的敏感，指导我们更好地去创造美的植物景观。

② 掌握形式美法则，能够使我们更自觉地运用形式美法则表现植物种植设计美的内容，达到美的形式与美的内容高度统一。

③ 了解形式美法则，能够使我们更深入地认知和评价植物景观的美，领略植物景观的意境之美，增加审美经验。

图 5-1　应用形式美法则营造自然和人造环境相融的意境

5.3　形式美法则在植物种植设计中的应用

在运用形式美法则进行植物景观设计时，首先要透彻领会不同形式美法则的特定表现功能和审美意义，明确植物种植设计想要达到的形式效果；其次要根据需要正确选择适用的形式美法则，从而构建适合植物种植设计需要的形式之美。

但是在进行植物种植设计的过程中，我们也需要明白，形式美法则不是一成不变的，随着事物的发展，形式美法则也在不断发展。因此，在植物种植设计中，既要遵循形式美法则，又不能犯教条主义的错误，生搬硬套某一种形式美法则，而要根据内容的不同、诉求的不同、营造意境的不同等，灵活运用形式美法则，在形式美中体现所造植物景观的独特性。

在植物种植设计中，可以遵循统一、变化、均衡、韵律及比例与尺度的基本设计原则，这些原则指明了植物配置的艺术要领。植物的树形、色彩、线条、质感及比例既要有一定的差异和变化，显示多样性，又要使它们之间保持一定的相似性，获得统一感；同时要注意植物之间的相互联系与配合，体现调和的原则，使其具有柔和、平静、舒适和愉悦的美感。在配置体量、形态、质感各异的植物时，还应该遵循均衡的原则，使景观稳定、和谐；另外，在植物配置中，有规律的变化会产生一定的韵律感（图5-2）。

图 5-2　植物种植设计中的韵律之美

5.3.1　统一与变化

统一与变化是形式美的总法则，是对立统一规律在艺术设计中的应用。两者的结合是植物景观设计中最根本的要求，是体现艺术设计表现力的因素之一。

统一是性质相同或类似的形态并置在一起，造成一种一致的或具有一致趋势的感觉，即在视觉或心理上取得整体感、稳定感与统一感（图 5-3）。统一的手法可以借助均衡、调和、秩序等形式法则。

图 5-3　保持植物整体上的相似性和统一感

变化是由性质相异的形态要素并置在一起所造成的显著对比的感觉，如直与曲、方与圆等形状、大小、色彩、材质等构成要素的多样对比。变化是一种智慧与想象的表现，是强调种种因素中的差异性所造成的跳跃。

在统一之中求变化，在变化之中求统一，既有变化又有统一，是艺术设计的原则。通过大小、形状、方向、明暗、动静以及情感变化等对比，利用空间对比、虚实对比、平面与立体对比、色彩变化等，能使植物景观更加悦目生动（图 5-4）。

图 5-4　通过色彩变化营造生动活泼的景观

在植物种植设计中，植物的外形、色彩、线条、质感及相互结合等都应具有一定的变化，以显示差异性。有比较、有差异才能引人注目。同时也要使各要素之间具有一种共通性、一致性，使所有差异的各要素统一协调，使之成为一个整体，使植物景观的表现更有创意，更有感染力，以达到最大的诉求效果，营造生动活泼、和谐统一的群落美。

多样统一的原则在植物种植设计中有很多具体的体现。例如在竹园的设计中，虽然众多的竹类均统一在相似的竹叶及竹竿的形状和线条中，但是丛生竹与散生竹有聚有散（图5-5）；高大的毛竹、慈竹或麻竹与低矮的凤尾竹配置高低错落；龟甲竹、方竹、佛肚竹节间形状各异；粉单竹、黄槽竹、菲白竹等则色彩多变。

图 5-5　丛生竹与散生竹的聚与散

5.3.2　和谐与对比

和谐的广义解释是：判断两种以上的要素，或部分与部分的相互关系时，各部分给人们的感受和意识是一种整体协调的关系。和谐的狭义解释是：统一与对比两者之间不是乏味单调或杂乱无章的。单独的一种颜色、一根线条无所谓和谐，几种要素具有基本的共通性和融合性才能称为和谐。和谐的组合也保持部分的差异性，但当差异性表现为强烈和显著时，和谐的格局就向对比的格局转化。

在进行植物景观设计时，应注意植物与植物之间、植物与其他设计要素之间的相互联系与配合，通过近似性与一致性产生舒适的协调感，通过变化性与差异性形成强烈的对比感，从而突出主题，如图5-6所示。

图5-6　植物与植物之间、植物与其他设计要素之间的相互联系与配合

在自然界中，作为矛盾的双方是永远存在的，也是随时可见的，如同黑夜与白昼、微笑与哭泣、诞生与死亡。这种自然现象，反映在设计中就是对比的形式。

对比又称对照，把反差很大的两个视觉要素放置于一起，使人感受到鲜明强烈的感触而仍具有统一感。对比能使主题更加鲜明，使视觉效果更加活跃。

对比的因素存在于相同或相异的性质之间。它是区别于文字等其他语言形式的一种视觉语言。因此，这种对比是在一些明确的形式或明确的感觉中进行的，但这并不意味着对比只是一种简单的两个对立形态的拼拼凑凑。

对比的形式既有外露的表现，如相对的两要素之间产生大小、明暗、黑白、强弱、粗细、浓淡、动静、远近、硬软、直曲、高低、锐钝、轻重的对比；也有内在的形式，如动与静的比较。对比的最基本要素是显示形象关系和统一变化的效果，令人产生强烈的感受，打破单调，形成重点与高潮。它体现了哲学上矛盾统一的世界观。对比法则广泛应用在现代设计中，具有很强的实用效果。

和谐与对比是一对矛盾的形式法则，应用恰当便具美感，应用失当便形成丑态。植物景观设计中通过色彩、形貌、线条、质感、体量、构图等的对比能够创造出强烈的视觉效果，增强人们的美感体验。

在进行植物景观设计时，如果要追求相互之间的高度协调，就需要选择具有近似性和一致性的植物进行配置，不宜将形态反差较大的树种组合在一起。反之，差异和变化可以产生对比的效果，具有强烈的刺激感，能够形成热烈和奔放的效果。因此在植物景观设计中，常常采用对比的手法来突出主题或制造视觉的焦点，引人注目（图5-7）。设计中，常用植物不同的形态特征，如高低、叶形、叶色、花形、花色等的对比，表现一定的艺术构思，创造意境（图5-8）。

图 5-7　孤植与丛植对比，形成重点与高潮

图 5-8　植物不同形态的对比

5.3.3　对称与均衡

　　自然界中到处可见对称的形式，如鸟类的羽翼、花木的叶子等。对称就是两个具有同一性的元素并列与均齐，是同形同量的平衡。对称的形态在视觉上有自然、安定、均匀、协调、整齐、典雅、庄重、完美、秩序的朴素美感，符合人们的视觉习惯。

植物种植设计中的对称可分为点对称和轴对称。假定在植物景观的中央设一条直线，将景观划分为两部分，如果两部分的景观形态完全相等，那么这个景观就是轴对称的景观，这条直线就称为对称轴（图5-9）。假定针对某一景观，存在一个点，以此点为中心通过旋转得到相同的景观形态，即称为点对称。点对称又有向心的"球心对称"、离心的"发射对称"、旋转式的"旋转对称"、逆向组合的"逆对称"，以及自圆心逐层扩大的"同心圆对称"，等等。

图5-9 植物种植设计中的轴对称

在植物种植设计中运用对称法则要避免由于过分的绝对对称而产生单调、呆板的感觉。有的时候，在整体对称的格局中加入一些不对称的因素，反而能增加景观构图的生动性和美感，避免了单调和呆板。

对于均衡来说，只有力点，无轴心。设计上的均衡是形象的大小、轻重、色彩及其他视觉要素的分布作用于视觉的平衡。它运用等量不等形的方式来表现矛盾的统一性，提示内在的、含蓄的秩序与平衡，达到一种静中有动、动中有静的条理美和动态美。均衡的形式富于变化与趣味，具有灵巧、生动、活泼、轻快的特点。

在植物种植设计中，通常以视觉中心（视觉冲击最强处的中点）为支点，将体量、质感各异的植物种类按照均衡的原则进行配置，利用虚与实、气势等各种反向力而达到相互之间的和谐效果（图5-10）。其形式的核心是把握住重心的关系与合理的布局，从设计中产生乐趣，激发观者头脑中自觉或不自觉地追求刺激的紧张感，从而达到吸引注意力的效果。在均衡的设计中，注重有形部分的同时更要注重无形之处。

图 5-10 按照均衡的法则进行植物种植设计

对称的形式设计法则常用于庄严的陵园或者雄伟的皇家园林中，例如楼前配置等距离且左右对称的龙爪槐，陵墓前或主路两侧配置对称的松或柏等［图 5-11（a）］。均衡的形式设计法则常用于花园、公园、植物园、风景区等比较自然的环境中。例如，在精致的园路一侧若种植比较高大的乔木，另一侧则可植以数量较多、单株体量较小且成丛的花灌木，以获取不对称的均衡［图 5-11（b）］。

(a)   (b)

图 5-11　对称与均衡法则运用于不同类型的景观中

另外，各种植物姿态不同，有的比较规整，如石楠、臭椿等；有的具有动势，如松类、榆树、合欢等。在植物配置时，要讲究植物相互之间或植物与环境中其他要素之间的协调；同时还要考虑植物在不同生长阶段和季节的形态变化，以避免产生配置上的不平衡状况。

5.3.4　节奏与韵律

　　节奏与韵律来自音乐。节奏本是指音乐中音响节拍轻重缓急的变化和重复。节奏这个具有时间感的用语在设计上是指同一视觉要素按照一定的条理、秩序进行重复连续的排列，形成一种律动形式，即两个以上的同一形态构成要素或对象通过反复、渐变和交替形成有秩序、有规律的新形式（图5-12）。节奏是一种具有条理性、重复性、连续性的表现形式，是一种机械性的律动，各种艺术形式都离不开节奏。节奏的重复使单纯的更为单纯，统一的更为统一。

图5-12　有条理、秩序的重复连续排列

　　韵律原指音乐（诗歌）的声韵和节奏。设计中单纯的单元组合重复容易单调，而在节奏中注入美的因素和情感，以数比、等比处理排列，使之产生同音乐、诗歌一般的旋律感。这种形式称为韵律，又称律动，是几个部分或单位的要素，以一定的间隔进行组合的形式。

　　韵律能增强设计的感染力，开阔艺术的表现力。韵律不是简单的重复，而是比节奏更高一级的律动，是在节奏基础上的线形的起伏、流畅与和谐（图5-13）。在植物配置时进行有规律的变化，就会产生韵律感。韵律有两种：一种是"严格韵律"，另一种是"自由韵律"。道路两侧和狭长形地带的植物配置最容易体现韵律感，主要包括纵向的立体轮廓线和空间的变换，要做到高低搭配、起伏有致，以产生节奏韵律，避免布局呆板。

图 5-13　起伏、流畅与和谐的韵律

韵律与节奏的实例很多，例如颐和园的西堤、杭州的白堤以桃树和柳树间隔栽植，就是典型的例子（图 5-14）。又如云溪竹径景区，两旁为参天的毛竹林，在合适的间隔距离配置一棵棵枫香，沿道路行走游赏时就能体会到韵律感的变化而不会感到单调。

图 5-14　颐和园西堤植物种植注重韵律变化

节奏与韵律的运用能创造出形象鲜明、形式独特的视觉效果，表现优雅、轻松的情感。

5.3.5　比例与尺度

比例与尺度是两个互相联系而内涵各异的度量概念。人们在长期的生产实践和生活活动中一直运用比例关系，并以人体自身的尺度为中心，根据自身活动的方便总结出各种尺度标准，体现于衣食住行的器用和工具的制造中。比如早在古希腊就已被发现的至今为止全世界公认的黄金分割比，再比如达·芬奇作品中的完美人体比例（图5-15）。

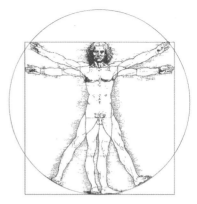

图5-15　《维特鲁威人》人体比例图

比例是整体与部分以及部分与部分之间数量、大小、尺寸的一种关系，是一种用几何语言和数量词汇表现现代生活和现代科学技术的抽象艺术形式。经典的比例关系有黄金分割比、斐波那契数列等。尺度即大小尺寸，也可理解为人们常说的分寸。

比例美是人们的视觉感受，又符合一定的数学关系，具有秩序、明朗的特征，给人一种清新之感，是形式美法则的重要内容，是设计中各单元间编排组合的重要因素。在设计中注重比例关系的运用，能给人以和谐、均匀、活泼的感受。

园林景观设计中，具有美感的比例是组成园林协调性美感的要素之一。园林景观存在于一定的空间中，其中各种设计要素的存在要以创造不同的空间为目的，这个空间的大小要适合人类的感觉尺度，各要素之间以及各要素的整体与部分之间都应具备比例的协调性。中国古代画论中"丈山尺树，寸马分人"是绘画中美的比例，园林景观也与此同理。

在植物种植设计上，植物与其他的设计要素之间，以及不同植物种类之间也一定要符合审美的协调比例（图5-16）。例如，大型园林空间常用高大或足量的植物来达到和环境及其他景观元素的比例协调；而小型园林空间，就常选择体量较小以及适宜用量的植物与之匹配。

图5-16　植物造景中的比例和尺度

第6章

园林植物种植设计的形式

6.1　园林植物种植设计的基本形式

园林种植设计的基本形式有三种，即规则式、自然式和混合式。

6.1.1　规则式

规则式又称整形式、几何式、图案式等，是指植物成行成列等距离排列种植，或做规则的简单重复，或具规整形状。多使用植篱、整形树、模纹景观及整形草坪等。花卉布置以图案式为主，花坛多为几何形，或组成大规模的花坛群；草坪平整而具有直线形边缘等。通常运用于规则式布局的园林环境中，具有整齐、严谨、庄重和人工美的艺术特色，如图 6-1 所示。

图 6-1　规则式种植

规则式的种植图，对单株或丛植的植物宜以圆点表示其种植位置；对蔓生和成

片种植的植物，用细实线绘制出其种植范围；草坪用小圆点表示，小圆点应绘制得有
疏有密，凡在道路、建筑物、山石、水体等边缘处均应加密，然后逐渐稀疏。对同一
树种在可能的情况下尽量以粗实线连接起来，并用索引符号标注编号。索引符号用细
实线绘制，圆圈的上半部注写植物编号，下半部注写数量，尽量排列整齐，使图面清
晰，如图6-2所示。

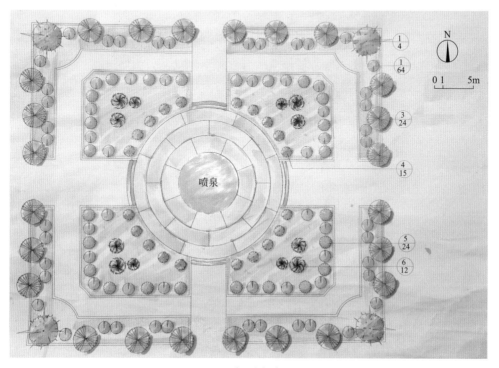

图6-2 规则式种植图

6.1.2 自然式

自然式又称风景式、不规则式，是指植物景观的布置没有明显的轴线，各种植物
的分布自由变化，没有一定的规律性，是反映植物群落自然之美的种植形式。树木种
植无固定的株行距，形态大小不一，充分发挥树木自然生长的姿态，不求人工造型；
充分考虑植物的生态习性，植物种类丰富多样，以自然界植物生态群落为蓝本，创造
生动活泼、清幽典雅的自然植被景观，主要展现植物的姿态美、色彩美、形态美、香
味等。如自然式丛林、疏林草地、自然式花境等。自然式种植设计常用于自然式的园
林景观环境中，如自然式庭园、综合性公园安静休息区、自然式小游园、居住区绿地
等，如图6-3所示。

图 6-3　自然式种植

　　自然式的种植图，宜将各种植物按平面图中的图例，绘制在所设计的种植位置上，并以圆点表示出树干的位置。树冠大小按成龄后冠幅绘制。为了便于区别树种和计算株数，应将不同树种统一编号，标注在树冠图例内（采用阿拉伯数字），如图 6-4 所示。

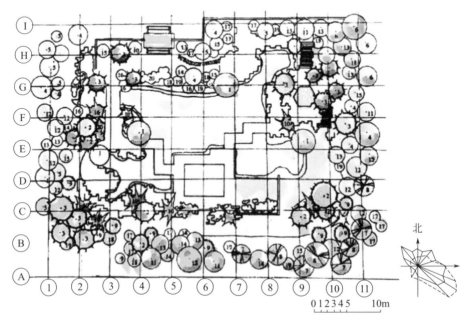

图 6-4　自然式种植图

　园林景观必修课：园林植物种植设计

6.1.3　混合式

混合式是介于规则式和自然式之间的种植形式，或规则式、自然式兼而有之，如花境。混合式种植吸取规则式和自然式的优点，既有整洁清新、色彩明快的整体效果，又有丰富多彩、变化无穷的自然景色；既有自然美，又具人工美。

混合式种植根据规则式和自然式各占比例的不同，又分三种情形，即自然式为主，结合规则式；规则式为主，点缀自然式；规则式与自然式并重。

6.2　园林植物配置的基本形式

6.2.1　孤植

孤植是指乔木或灌木孤立种植的类型，但并不意味只能栽植一棵树，有时为了增强雄伟感，可将同一树种二或三株紧密地种植在一起，远处看与单株栽植效果相同（图 6-5）。

图 6-5　孤植

孤植树主要突出植株个体的特点，表现树木的个体美，如奇特的姿态、丰富的线条、艳丽的花朵或硕大的果实等。因此在选择树种时，应挑选具有形体壮伟、姿态优美、轮廓鲜明、生长旺盛、树大荫浓、寿命长等特点的树种，如银杏、悬铃木、国槐、雪松、白皮松、榕树、香樟、合欢、枫香、元宝枫、无患子、海棠、樱花、广玉兰、柿树、桂花等。孤植树作为园林构图的一部分，不是孤立的，必须与周围的环境和景物相协调。在园林中，孤植树种植的量虽少，却有相当重要的作用。

规则式与自然式园林都可采用孤植。孤植树的种植地点要求比较开阔，有足够的生长空间，而且要有比较合适的观赏视距，最好还有天空、水面、草地等自然景物作背景衬托，以突出孤植树的特色。其具体种植的位置，在规则式园林中，一般是在中心或轴线上，即在广场、花坛等中心地点或主建筑物、出入口形成的轴线上栽植；在自然式园林中，最好是在开敞的大草坪偏于一端，在构图的自然重心处栽植，与草坪周围的景物取得均衡与呼应的效果，也可配置在开阔的河边、湖边，以明朗的水色作背景，游人可在树冠的庇荫下活动或欣赏远景。孤植树还可作为焦点树、诱导树，种植在园路的转折处或假山蹬道口，以诱导游人进入另一个景区。

6.2.2　对植

对植一般指两株树或两丛树，按照一定的轴线关系，左右对称或均衡的种植方式（图6-6）。对植树常种植在公园、建筑、道路、广场的出入口，同时结合庇荫和装饰美化的作用，在构图上形成配景，而很少做主景。在规则式种植中，同一规格的相同树种常以主景轴线对称进行布置，如在园林入口、建筑入口等处。对植在自然式中应用时，应采用两株树以轴线关系均衡种植的方式，而不是对称种植。最简单的形式，是在构图中轴线的两侧用同树种，但大小和姿态必须不同，动势要向中轴线集中；与中轴线的垂直距离，大树要近、小树要远，以取得均衡效果。自然式对植也可采用树种相同而株数不同的配置，如左侧一株大树，而右侧是同一树种的两株小树，也可以两侧是相似而不相同的树种，或是两种灌木丛。但树丛的树种必须相似，双方既要对应，但又要避免呆板。灌木对植，亦应抬高栽植地，以避免灌丛大小之不足，如用迎春对植，不仅要抬高栽植地，而且还要与同属性相近的探春花混植在一起，以形成大丛且可使花期延长，获得较好的效果。

图6-6　对植

对植树一般要求树木形态美观或树冠整齐、花叶较好。对称规则式对植多选用树冠形状比较整齐的树种，如龙柏、雪松等，或者选用可进行整形修剪的树种进行人工造型，以便从形体上取得规整对称的效果；不对称均衡式对植树种冠型要求较为宽松。适合对植的树种较多，没有特别限制。

6.2.3 丛植

丛植通常是按照一定的构图要求，将两三株至十几株同种或异种乔木，或乔灌木组合种植的种植类型。丛植以反映树木群体美的综合形象为主，是绿地中重点布置的种植类型，要处理好株间、种间关系。所谓株间关系，是指株间疏密远近等因素的相互影响，整体上应适当密植，而局部上要疏密有致，使之成为有机整体。种间关系，是指不同物种间相互作用形成的关系，要尽量选择有搭配关系的树种，如阳性与阴性、快长与慢长、乔木与灌木，使之有机组合成为生态稳定的人工栽培群落。另外，组成树丛的每株树，还要表现其个体美。所以，组成树丛的个体在树姿、色彩、芳香或庇荫等方面要有特殊的价值。

树丛有单一树种的丛植和混交树丛两类。作为构图艺术上的主景、诱导或配景用的树丛，多采用乔灌木混交树丛。由常绿树种、落叶树种组成的树丛，是应用不同的植物材料取得构图效果的主要类型，在景象和季相上有比较丰富的变化，这在自然式布局中应用比较广泛。混交树丛要突出主栽树种，要主次有别，树种不宜过多，两三种即可，否则显得凌乱；且树种搭配要协调，要做到树种体量上相称，形态上协调，习性上融洽等。树丛主要在于体现某特色的集体效果，因此树丛周围要有一定的观赏视距，要有足够的空间让人欣赏，如图6-7所示。

图6-7 丛植

丛植有以下几种形式。

6.2.3.1 两株丛植

对于自然式丛植，同一树种两株植物的体量、形态应有所差异。栽植时距离应靠近些，间距不要大于两树冠半径之和，这样才能成为一个整体。两株同一树种的丛植，最好在姿态、动势、高低大小上有显著的差异，这样才能够使树丛生动活泼。即应做到"二树一丛，分枝不宜相似""二树一丛，必一俯一仰，一倚一直，一向左一向右，一有根一无根，一平头一锐头，二根一高一下"。

两株树木之间既要有变化和对比又要有联系，相互顾盼，共同组成和谐的景观形象。如图6-8所示。

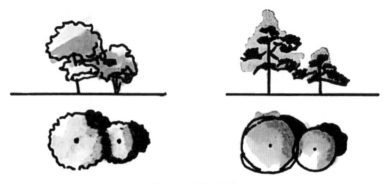

图6-8　两株丛植

6.2.3.2 三株丛植

三株树组成树丛，树种不宜超过两种。最好同是乔木或同是灌木，但树木的大小、姿态要有对比和差异。若为单一树种，则树木的大小、姿态要有对比和差异，不能过于呆板。若是混交树丛，树木的大小也要有差异，且一般忌用三个不同的树种。三株树配置不能呈一直线，也不能呈等边三角形或等腰三角形，一般要呈不等边三角形（即钝角三角形）。且一般分成两组，三株中最大的和最小的树要尽量靠近成为一组，中等体量的树木稍远离成为另一组。三株之间具有动势呼应，整体造型呈不对称均衡布局，如图6-9、图6-10所示。

6.2.3.3 四株丛植

应是同一树种，或最多只能两种不同树种且必须同为乔木或同为灌木，这样比较容易调和，通常称为通相。如应用三种或更多的树种，或大小悬殊的乔灌木，则不易调和。外观极其相似的树种，可以超过两种。所以原则上四株丛植不能乔灌木合用；而当树种完全相同时，在形体、姿态、高矮、大小方面应力求不同，栽植点的标高也可以变化，这通常称为殊相。四株丛植可分组栽植，但不能两两组合，也不可任意三株呈一直线，可分为两组或三组。两组的，可三株较近一株远离；三组的，即两株一组，而另一株稍远，另一株再远离些。认为四株树木配置，最大与最小搭配，组成2：2的形式，这样两组体量上可达到均衡的看法，是不可取的。如图6-11～图6-13所示。

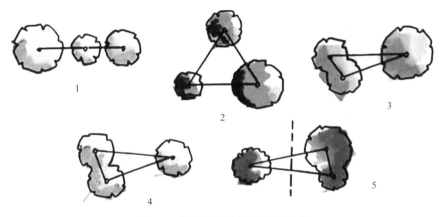

图6-9 三株丛植应忌的几种形式

（1—在同一直线上；2—呈等边三角形；3—最大的为一组，其余的为另一组；

4—大小、姿态相同；5—两个树种各自构成一组）

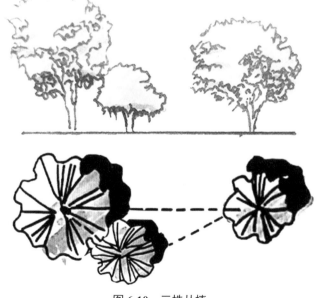

图6-10 三株丛植

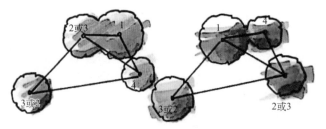

(a) 同一树种组成不等边四边形组合

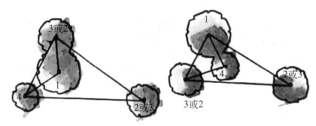

(b) 同一树种组成不等边三角形的组合

(c) 两种树种，单株的树种位于三株树种的构图中心

图 6-11 四株丛植多样统一的形式

（注：数字代表树木体量大小，1 为最大）

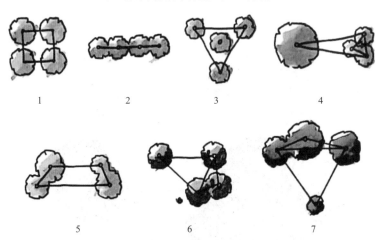

图 6-12 四株同一树种丛植应忌的几种形式

（1—呈正方形；2—呈直线；3—呈等边三角形；4—一大三小各成一组；
5—双双成组；6—大小、姿态相近；7—三大一小分组）

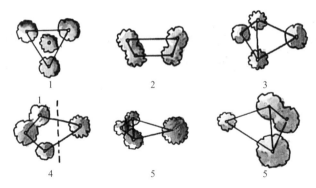

图 6-13　四株两种树种丛植应忌的几种形式

（1—几何中心；2—每种树种各为两株；3—两种树种分离；4—一种树种偏于一侧；

5——株的树种最大或最小，且各成一组）

6.2.3.4　五株丛植

　　自然树丛的五株配置，有 3：2 或 4：1 两种形式，如果是甲、乙两种树种混交，则应采用 3：2 形式，且三株中二甲一乙、两株中一甲一乙为宜。在具体配置时，可以不等边三角形、四边形、五边形组成树丛。五株丛植同树种的组合，每株的体形、姿态、动势、高低、大小、栽植距离都应不同，比较理想的组合为 3：2，就是三株为一组、另两株为一组。如果按照体量从大到小分为 1、2、3、4、5 五个号，则三株组的应是 1、2、4 号，1、3、4 号或 1、3、5 号成组。总之主体必须在三株这组中。组合原则是：三株一组合的与三株丛植相同，两株一组合的与两株丛植相似，但这两个组合必须各有动势，且取得和谐。另一种分组方式为 4：1，其中单株树木体量不要最大也不要最小，最好是 2 或 3 号树木，这两组距离不宜过远，动势上要有联系。如图 6-14 ～图 6-16 所示。

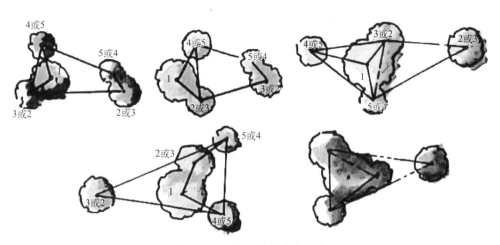

图 6-14　五株丛植的基本形式

图 6-15　五株两种树种丛植多样统一的形式

(1—不等边五边形构图；2—不等边四边形构图；3—三角形构图之一；4—三角形构图之二)

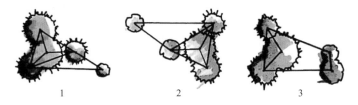

图 6-16　五株丛植应忌的几种形式

(1——种树种四株，另一树种一株，分别组合；2—两个单元不紧密；3—两组植物无相同树种)

6.2.3.5　六株以上的丛植

树木配置，株数越多越复杂。六株及六株以上的树丛，一般是由一株、两株、三株、四株、五株等丛植的基本形式交互搭配而成的。如两株与四株，可组成六株丛植，但六株树丛栽植不能采用 3：3 的分组形式；再如两株与五株或三株与四株可组成七株丛植；等等。它们一般是由几个基本形式组合而成。因此树木株数虽多了，但仍可遵循基本的配置形式。其中，应当注意的是，在调和中要有对比，差异中要有稳定。树木的株数较多时，树种可适当增加，可乔灌木相结合，但树种的外形不要差异过大。一般来说，一个树丛为七株以下时，树种不宜超过三种；八九株及以上的丛植，树种不宜超过五种。

6.2.4　群植

群植是指 20 株以上至百株左右的乔灌木成群栽植的方式。群植主要体现群体美，一般作为构图的主景，不宜作配景或夹景用。群植应布置在足够开敞的场地上，如靠近林缘的大草坪、开阔水面的水滨、宽广的林中空地、小山坡等。在群植主立面的前方，要有足够的观赏空间，这空间至少要有树群高度的 4 倍以上、树群宽度的 1.5 倍以上。树群规模不宜太大，在构图上要四面空旷。树木群植还要考虑整个树群长短轴的比例，一般以 3：1 为宜。树群的组合方式最好为郁闭式的。这样通常不允许游人进入。因而不作庇荫之用，但在树群的背面，树冠开展的林缘部分，仍可作庇荫之用。

树群可分为单一树种树群和混交树群两种。如在广场、陵园或其他需要表现庄重景观的地方，多用单一树种纯林，可栽植油松、马尾松、桧柏、侧柏、雪松等，也可用宿根花卉作地被。但混交树群是树群的主要形式。混交树群植物一般可分为 5 个层次，从高大乔木层、亚乔木层、大灌木层、小灌木层，到多年生低矮的草本植物层，可增加绿量和叶面积系数。其中每一层次都要显露出来，形成该树群观赏特性突出的部分。混交树群应突出主栽树种并满足各树种的习性要求，处理好种间、株间关系。第一层乔木应是阳性树，第二层亚乔木可以是半阳性的，而种植在下层的灌木应是半阴性和阴性的，喜暖的植物应配置在树群的南边或东南方。为达到长期相对稳定，可适当密植，及早达到郁闭效果。树群的轮廓，要有高低起伏的变化，要注意季相变化和美观。树群内树木栽植株距要有疏密变化，要构成不等边多角形，切忌成排、成行、成带的栽植。

叶面积系数是指单位土地上植物的全部叶面积（仅一面）与土地面积之比，是衡量植物群体结构的重要指标。该系数过高会影响植物通风透光，过低则不能充分利用日光。这一系数乔木群落可达 20，灌木 5 ~ 10，草坪更小。由乔木、灌木和草坪结合建造的复层结构绿地其生态效益明显大于一般绿地，同样面积的城市绿地，其结构不同，由乔、灌、草结合产生的生态效益可为单层草坪的几倍、十几倍甚至几十倍，有利于增加绿量，提高群落的生产力和生态效益，如图 6-17 所示。

图 6-17　群植

6.2.5　列植

列植即行列栽植，是指将乔灌木按一定的株行距成行成排栽植的方式，或行内株距有规律变化的栽植方式，这样形成的景观比较整齐、单纯，气势较宏伟（图 6-18）。行列栽植是规则式园林绿地应用最多的基本形式，常见于道路、广场、工矿区、居住区、办公大楼等处，且具有施工、管理方便等优点。

图 6-18　列植

行列栽植宜选择树冠体形比较整齐、枝叶茂密的树种，如卵圆形、倒卵形、圆形、椭圆形、圆柱形、塔形等，而不用枝叶稀疏、树冠不整齐的树种。行列栽植的株行距取决于树种的特点、规格和园林用途，一般乔木为 3 ～ 8m，而灌木为 1 ～ 5m。

行列栽植多用于道路、建筑、上下管线较多的地方。因此，设计时要处理好与周围其他因素的矛盾。行列栽植与道路配合，可起到夹景作用。

行列栽植的基本形式有以下两种。

① 等行等距，即从平面上看是呈正方形或品字形的种植，这种形式多用于规则式园林绿地中。

② 等行不等距，即行距相等，行内的株距有疏密变化，从平面上看呈不等边三角形或不等边四边形。这种形式可用于规则式或自然式园林局部，如园路边、水边、广场边缘等处。株距有疏密、有变化，也常用于从规则式栽植到自然式栽植的过渡地带。

6.2.6　林植

林植是在更大范围内成片成带栽植乔灌木，以形成树林景观的栽植方式。林植多用于大面积公园的安静区、风景游览区或休养、疗养区以及卫生防护林带等。林植不强调配置上的艺术性，体现总体的绿貌，其林冠线丰富、高低错落；林缘线有收有放、曲折多变。但林植在面积不大的小型绿地、公园、居住区绿地中很少采用，只有在大型园林中或城市周边才有。根据其栽植的密度不同，分为密林和疏林两种。

6.2.6.1 密林

郁闭度为 0.7 ～ 1.0 之间的树林称为密林。其内阳光很少透入林下，此处土壤湿度较大，其地被植物含水量高、组织柔软，不耐踩踏，不便于游人活动，如图 6-19 所示。密林又分为单纯密林和混交密林两类。

图 6-19　密林

① 单纯密林　是由一个树种组成的密林，它没有丰富的季相变化，因而往往采用不同树龄的树木，结合地形起伏，使林冠有高低变化，以弥补其缺陷。密林外缘应有曲折变化。

② 混交密林　是具有多层结构的植物群落，大乔木、小乔木、大灌木、小灌木、高草、低草，各自根据自己的生态要求，形成不同的层次，丰富季相变化，如图 6-20 所示。其林缘部分，垂直成层构图要十分突出，但又不能塞满，以致影响游人的观赏。为了使游人能够深入林地，要有自然通道，但沿路两旁的垂直郁闭度不宜太大，必要时还可留出空旷草坪，或利用林间水体溪流种植水生花卉，供游人逗留、休息之用。

图 6-20　混交密林

混交密林，大面积的可用片状混交，小面积的多采用点状混交；要注意常绿与落叶、乔木与灌木的比例以及植物对生态因子的要求等。在艺术效果上，纯林简洁，而混交林则华丽。但从生物学特性来说，混交密林比单纯密林要好，在园林中纯林不宜过多。

6.2.6.2 疏林

郁闭度为 0.4 ~ 0.7 的树林称为疏林。疏林常与草地结合，即疏林草地。这种形式在园林中应用较多，是人们活动、休息、游戏、观景的好去处。因此，疏林中的树种应具有较高的观赏价值，树冠宜开展，枝叶要疏朗，生长要健壮，花叶色彩要丰富，常绿树与落叶树要合理搭配。树木的种植要三五成群，疏密相间，有断有续，错落有致，构图上要生动活泼，如图 6-21 所示。林下草坪最好秋季不枯黄，要坚韧耐踏，尽可能地让游人在草坪上多活动。

图 6-21　疏林

6.2.7　篱植

由灌木或小乔木近距离株行距密植，结构紧密的单行或双行的规则式种植形式，称为篱植，即绿篱或绿墙。

6.2.7.1　篱植的类型

（1）根据高度划分

① 绿墙　高度＞ 1.6m，阻挡人们的视线，形成封闭的绿墙，可以起到良好的隔离防护作用（图 6-22）。

图 6-22　绿墙

② 高绿篱　高度为 1.2 ～ 1.6m，不阻挡人们的视线，人们也不能跳跃而过，如图 6-23 所示。

图 6-23　高绿篱

③ 中绿篱　高度为 0.5 ～ 1.2m 的绿篱，具有较强的防护作用，明显表示不让人们进入，园林中常用。

④ 矮绿篱　高度＜ 0.5m 的绿篱，起到分隔空间的作用，但人们不费力就可跨过，园林中常用，如图 6-24 所示。

图 6-24 矮绿篱

（2）根据功能要求与观赏要求划分

① 常绿篱　由常绿植物组成，是园林中最常用的一类。常用植物有大叶黄杨、侧柏、桧柏、罗汉松、海桐、女贞、黄杨、冬青、蚊母、茶树、竹类等。

② 花篱　由花灌木组成，是园林中比较精美的绿篱。常用植物有六月雪、迎春、探春花、茉莉、桂花、栀子、金丝桃、郁李、珍珠梅、麻叶绣球、金钟花、溲疏等，其中常绿芳香花木，尤具特色，如图 6-25 所示。

图 6-25 花篱

③ 果篱　由观果植物组成，如枸骨、火棘、枳等。果篱以不规则整形修剪和轻剪为宜，如修剪过重则结果减少，影响观赏。

④ 刺篱　园林中起防范作用的绿篱，常用带刺植物，如枸橘、枸骨、花椒、黄

刺玫、蔷薇等。

⑤ 落叶篱　由落叶灌木或落叶小乔木组成。华北、东北地区常用的植物有紫穗槐、雪柳、榆树等。

⑥ 蔓篱　园林中为了防范和划分空间的需要，常设立竹架、木栅或铁丝网架，同时栽植藤本植物。常用的植物有忍冬、凌霄、常春藤、木藤蓼、蔷薇、茑萝松、牵牛花等。

6.2.7.2　篱植的作用

① 范围和维护　园林中常以绿篱作防范的边界，以加强维护。

② 分隔空间和屏障视线　在园林有限的空间中，往往要安排多种活动用地，为减少干扰，常用绿篱进行分区和屏障视线，以分隔不同空间，最好用常绿树组成的高于视线的绿墙，如图 6-26 所示。

图 6-26　绿篱分隔空间

③ 园林的区划线　规则式园林常以中篱作分界线，以矮篱作花境边缘或作花坛和观赏草坪的图案花纹。

④ 作为喷泉、塑像、花境的背景　园林中常用常绿篱作为喷泉、塑像的背景，色彩以没有反光的暗绿色树种为宜，如图 6-27 所示。一般以常绿中篱或高篱作为花境的背景。

⑤ 美化挡土墙　绿地中为了避免挡土墙的单调枯燥，常用绿篱来遮挡挡土墙，起到美化作用。

⑥ 作色带　在大草坪或坡地上，常用观叶灌木金叶女贞、小叶黄杨等作色带。

图 6-27　绿篱作为背景

6.2.7.3　篱植种植密度

篱植种植密度要根据植物种类、功能、冠径和种植地带等因素确定。为了隔离空间，篱植株距应紧密一些，从外形看应形成一个密集的整体，如常绿绿篱及刺篱等。双行种植的也要根据以上的因素设置。规则式绿篱，应紧密排列，即没有株距。自然式花篱、果篱，应稍松散呈品字形，即三角交叉排列，而又形成浑然一体的观赏效果。绿篱的起点和终点应作修剪处理，使其从侧面看比较厚实美观。绿篱修剪的方式可分为规则式、自然式两种。规则式的剖面应剪成梯形、倒梯形、矩形等，而自然式的以体现自然冠形的轻剪为主。

6.3　种植设计形式与环境相协调

园林植物配置方式要与园林绿地的总体布局形式相一致，与环境相协调。园林绿地总体布局形式通常可分为规则式和自然式两种。一般来说，在规则式园林绿地中，应多采用孤植、对植、列植、环植、篱植、花坛、花台、草坪等配置形式；在自然式园林绿地中，应多采用孤植、丛植、群植、林植、花丛、自然式花篱、草地等自然式配置形式，而最常见的还是混合式园林。配置方式要与环境相协调，通常在大门两侧、主干道两旁、整形式广场周围、大型建筑物附近等，采用规则式配置方式；在自然山水园的草坪、水池边缘、山丘坡面、自然风景林缘等环境中，多采用自然式配置方式。在实际工作中，配置方式如何确定，要从实际出发，因地制宜，合理布局，强调整体协调一致，并要注意做好不同配置方式之间的过渡。

园林树木的配置要通过种植设计来完成，因此要有种植设计图。种植设计宜形成人工植物群落，但是新设计种植的树木，也要考虑对原有绿化树种的生长有无影响。另外，种植设计中的乔灌木配置图，需标明种植位置、树种、数量和规格。

第7章

园林植物种植设计的程序

植物是表达景观类型的重要元素之一。植物的种植使环境具有美学欣赏价值、日常使用功能，并能保证生态可持续发展。因此，植物种植成为现代园林景观设计中最重要的内容之一。强调自然文化，使植物景观具有了复杂性和独特性。现代园林景观设计更加注重植物材料的开发和利用。但在造景时也不能盲目选择植物。可以参考以下几个基本原则。

（1）符合绿地的性质和功能要求

园林植物种植设计，首先要从园林绿地的性质和主要功能出发。例如街道绿地的主要功能是遮阴，在解决遮阴的同时，也要考虑组织交通和市容美观的问题。针对点不同，景观形成的效果就不相同。

（2）考虑园林艺术的需要

① 总体艺术布局上要协调。规则式园林植物种植形式多为对植、列植，而在自然式园林绿地中则采用不对称的自然式种植，充分表现植物材料的自然姿态。

② 全面考虑植物在观形、赏色、闻味、听声上的效果。人们欣赏植物景观的要求是多方面的，要发挥每种园林植物的特点，则应根据园林植物本身具有的特点进行设计。

③ 园林植物种植设计要从总体着眼。在平面上要注意种植的疏密和轮廓线；在竖向上要注意林冠线，树林中要注意开辟透景线。

（3）选择适合的植物种类，满足植物生态要求

按照园林绿地的功能和艺术要求选择植物种类。一方面要满足植物的生态要求，因地制宜，适地适树，使种植植物的生态习性和栽植地点的生态条件基本上能够得到统一；另一方面要创造适合的生态条件，只有这样才能使植物成活和正常生长。

（4）要有合理的搭配和种植密度

植物种植的密度直接影响绿化功能的发挥。从长远考虑，应根据成年树冠大小来决定种植距离。如想在短期就取得好的绿化效果，种植距离可近些。一般常用速生树

和慢生树适当配置的办法来解决远近期过渡的问题。植物种植设计应该注意植物相互之间的和谐，要渐次过渡，避免生硬。还要考虑保留、利用原有树木，尤其是名木古树，可在原有树木基础上搭配其他植物。

（5）全面考虑园林植物的季相变化和色、香、形的统一、对比

植物种植设计要综合考虑时间、环境、植物种类及其生态条件的不同，使丰富的植物色彩随着季节的变化交替出现，使园林绿地的各个分区地段突出一个季节的植物景观。在游人集中的地段四季要有景可赏。植物景观组合的色彩、芳香以及植株、叶、花、果的形态变化也是多种多样的，但要主次分明，从功能出发，突出一个方面，以免产生杂乱感。

在景观设计中，植物与建筑、水体、地形等具有同等重要的作用，因此在设计过程中应该尽早考虑植物景观，并且按照现状调查与分析、功能分区、植物种植设计、绘制植物种植设计施工图的程序按步骤逐次深入（图 7-1）。本章选取一个私人宅院作为实例，结合实例介绍植物景观规划设计的程序。

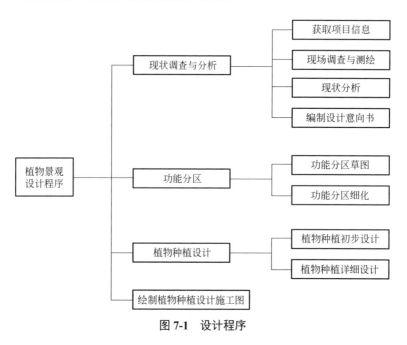

图 7-1 设计程序

7.1 现状调查与分析

无论怎样的设计项目，设计师都应该尽量详细地掌握项目的相关信息，并根据具体的要求以及对项目的分析、理解编制设计意向书。

7.1.1 获取项目信息

这一阶段需要获取的信息应根据具体的设计项目而定，而能够获取的信息往往取决于委托人（甲方）对项目的态度和认知程度，或者设计招标文件的翔实程度。这些信息将直接影响下一环节——现状的调查，乃至植物功能、景观类型、植物种类等的确定。

7.1.1.1 了解甲方对项目的要求

方式一：通过询问交流，了解委托人对于植物景观的具体要求、喜好、预期的效果以及工期、造价等相关内容。

这种方式可以通过对话或者问卷的形式实现。在交流过程中，设计师可参考以下内容进行提问。

（1）公共绿地（如公园、广场、居住区游园等绿地）的植物配置

a. 绿地的属性：使用功能、所属单位、管理部门、是否向公众开放等。

b. 绿地的使用情况：使用的人群、主要开展的活动、主要使用时间等。

c. 甲方对该绿地的期望及需求。

d. 工程期限、造价。

e. 主要参数和指标：绿地率、绿化覆盖率、绿视率、植物数量和规格等。

f. 有无特殊要求：如观赏、功能等方面。

（2）私人庭院的植物配置

a. 家庭情况：家庭成员及年龄、职业等。

b. 甲方的喜好：喜欢（或不喜欢）何种颜色、风格、材质、图案等，喜欢（或不喜欢）何种植物，喜欢（或不喜欢）何种植物景观等。

c. 甲方的爱好：是否喜欢户外运动、喜欢何种休闲活动，是否喜欢园艺活动，是否喜欢晒太阳等。

d. 空间的使用：主要开展的活动、使用的时间等。

e. 甲方的生活方式：是否有晨练的习惯，是否经常举行家庭聚会，是否饲养宠物等。

f. 工程期限、造价。

g. 特殊需求。

方式二：通过设计招标文件，掌握设计项目对于植物的具体要求，相关技术指标（如绿化率等），以及整个项目的目标定位、实施意义、服务对象、工期、造价等内容。

本实例中通过询问交流得到甲方的家庭情况及其对庭院设计的要求。

项目信息

A. 家庭成员

父亲：喜爱运动、读书，喜欢蓝色、绿色。

母亲：喜爱运动、烹饪、读书、听音乐，喜欢玫瑰，喜欢红色。

儿子：初中生，喜爱运动，喜欢绿色。

四位老人：年龄都在60岁以上，都会到家里暂住，老人们喜欢园艺、聊天、棋牌类活动。

B. 对庭院空间的预期

经常在庭院中休息、交谈，开展一些小型的休闲活动，能够种点儿花或者种点儿菜，能够举行家庭聚会（通常1个月一次，人数6～15人不等），能够看到很多绿色，感受到鸟语花香，一年四季都能够享受到充足的阳光。

C. 设计要求

希望有一个菜园；有足够的举行家庭聚会的空间；在庭院中能够看到绿草、鲜花，从房间里能够看到优美的景色；整个庭院安静、温馨，使用方便，尤其要方便老人的使用。

7.1.1.2 获取图纸资料

在该阶段，甲方应该向设计师提供基地的测绘图、规划图、现状树木分布位置图以及地下管线图等图纸；设计师根据图纸可以确定以后可能的栽植空间以及栽植方式，根据具体的情况和要求进行植物景观的规划和设计。

（1）测绘图或者规划图

从图纸中设计师可以获取的信息有设计范围（红线范围、坐标数字）；园址范围内的地形、标高，现有或者拟建的建筑物、构筑物、道路等设施的位置，以及保留利用、改造和拆迁等情况；周围工矿企业、居住区的名称、范围以及今后发展状况，道路交通状况等。

（2）现状树木分布位置图

图中包含现有树木的位置、品种、规格、生长状况以及观赏价值等内容，以及现有的古树名木情况、需要保留植物的状况等。

（3）地下管线图

图内包括基地中所有要保留的地下管线及其设施的位置、规格以及埋深等。

7.1.1.3 获取基地的其他信息

① 该地段的自然状况　水文、地质、地形、气象等方面的资料，包括地下水位、

年与月降雨量、年最高和最低温度及其分布时间、年最高和最低湿度及其分布时间、主导风向、最大风力、风速以及冰冻线深度等。

② 植物状况　地区内乡土植物种类、群落组成以及引种植物情况等。

③ 人文历史资料调查　地区性质、历史文物、当地的风俗习惯、传说故事、居民人口和民族构成等。

以上这些信息，有些或许与植物的生长并无直接联系，比如周围的景观、人们的活动等，但是实际上这些潜在的因子却能够影响或者指导设计师对于植物的选择，从而影响植物景观的创造。总之，设计师在拿到一个项目之后要多方面收集资料，尽量详细、深入地了解这一项目的相关内容，以求全面掌握可能影响植物生长的各个因子。

7.1.2　现场调查与测绘

（1）现场踏查

无论何种项目，设计者都必须认真到现场进行实地踏查。一方面是在现场核对所收集到的资料，并通过实测对欠缺的资料进行补充；另一方面，设计者可以在实地进行艺术构思，确定植物景观大致的轮廓或者配置形式，通过视线分析，确定周围景观对该地段的影响，"俗则屏之，嘉则收之"。

在现场通常针对以下内容进行调查。

① 自然条件：温度、风向、光照、水分、植被及群落构成、土壤、地形地势以及小气候等。

② 人工设施：现有道路、桥梁、建筑、构筑物等。

③ 环境条件：周围的设施、道路交通、污染源及其类型、人员活动等。

④ 视觉质量：现有的设施、环境景观、视域、可能的主要观赏点等。

（2）现场测绘

如果甲方无法提供准确的基地测绘图，设计师就需要进行现场实测，并根据实测结果绘制基地现状图，如图7-2所示。基地现状图中应该包含基地中现存的所有元素，如建筑物、构筑物、道路、铺装、植物等。需要特别注意的是，场地中的植物，尤其是需要保留的有价值的植物，它们的胸径、冠幅、高度等也需要进行测量并记录。另外，如果场地中某些设施需要拆除或者移走，设计师最好再绘制一张基地设计条件图，即在图纸上仅标注基地中保留下来的元素。在现状调查过程中，为了防止出现遗漏，最好将需要调查的内容编制成表格，在现场一边调查一边填写。有些内容，比如建筑物的尺度、位置以及视觉质量等可以直接在图纸中进行标示，或者通过照片加以记录。

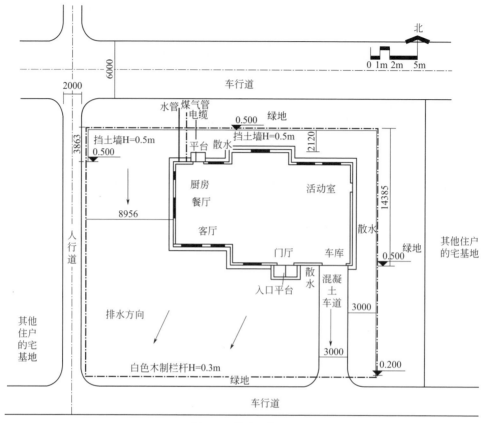

图 7-2　基地现状图

7.1.3　现状分析

7.1.3.1　现状分析的内容

现状分析是设计的基础和依据，尤其是对于与基地环境因素密切相关的植物，基地的现状分析更是关系到植物的选择、植物的生长、植物景观的创造和功能的发挥等一系列问题。

现状分析的内容包括：基地自然条件（地形、土壤、光照、植被等）分析、环境条件分析、景观定位分析、服务对象分析、经济技术指标分析等多个方面。可见，现状分析的内容是比较复杂的，要想获得准确、翔实的分析结果，一般要多专业配合，按照专业分项进行，然后将分析结果分别标注在一系列的底图上（一般使用硫酸纸等透明的图纸材料），然后将它们叠加在一起，进行综合分析，并绘制基地的综合分析图。这种方法称为叠图法（图 7-3），是现状分析常用的方法。

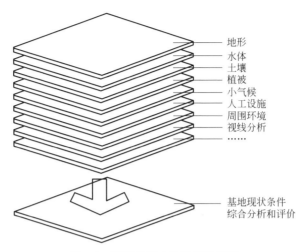

地形
水体
土壤
植被
小气候
人工设施
周围环境
视线分析
......

基地现状条件
综合分析和评价

图 7-3　现状分析中的叠图法示意

如果使用 CAD 绘制就要简单些，可以将不同的内容绘制在不同的图层中，使用时根据需要打开或者关闭图层即可。

现状分析是为了下一步的设计打基础。对于植物种植设计而言，凡是与植物有关的因素都要加以考虑，比如光照、水分、温度、风，以及人工设施、地下管线、视觉质量等。下面结合实例介绍现状分析的内容及方法。

（1）小气候

小气候是指基地中特有的气候条件，即较小区域内的温度、光照、水分、风力等的综合条件。每块基地都有不同于其他区域的气候条件，它是由基地的地形地势、方位、植被，以及建筑物的位置、朝向、形状、大小、高度等条件决定。本实例中的住宅建筑是形成基地小气候的关键条件，所以围绕住宅建筑加以分析，如图 7-4 所示，分析结果记录在表 7-1 中。

表 7-1　基地中的小气候

位置	光照	温度	水分	风	条件优劣	适宜的植物
住宅的东面	上午阳光直射	温和	较为湿润	避开盛行风和冷风	较好	耐半阴植物
住宅的南面	最多	最暖和（冬）	较干燥	避开冷风	最佳	阳性植物
住宅的西面	午后阳光直射	最炎热（夏）	干燥	最多风的地段	差	阳性、耐旱植物
住宅的北面	最少	最寒冷（冬）	湿润	冬季寒风	差	耐阴、耐寒植物

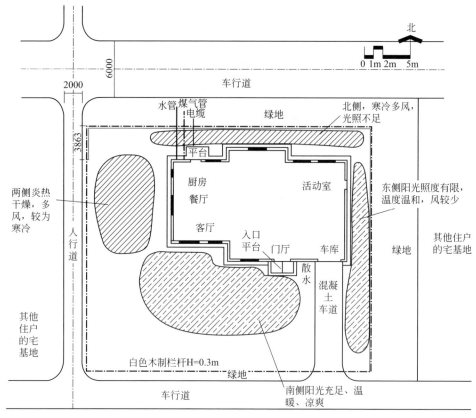

图 7-4　小气候分析图

（2）光照

光照是影响植物生长的一个非常重要的因子，所以设计师需要分析基地中日照的状况，掌握太阳在一天中及一年中的运动规律。其中最为重要的就是太阳高度角和方位角两个参数（图 7-5）。其变化规律为：一天中，中午的太阳高度角最大，日出和日落时太阳高度角最小；一年中夏至时太阳高度角最大，冬至时最小，如图 7-6 所示。根据太阳高度角、方位角的变化规律，我们可以确定建筑物、构筑物投下的阴影范围，从而确定基地中的日照分区（图 7-7）——全阴区（永久无日照）、半阴区（某些时段有日照）以及全阳区（永久有日照）。

可以利用专门的软件进行基地的日照分析，图 7-8 是利用 AutoCAD 绘图软件绘制的该基地冬至日和夏至日从日出到日落的每一整点时刻的落影范围，可以看到整个基地的日照状况和日照时长。也可以手工测算，如图 7-9 所示，首先根据该地所在的地理纬度查表或者计算出冬至和夏至两天日出后的每一整点时刻的太阳高度角和方位角，并计算出水平影长率，根据方位角做出落影线，并根据影长率和物体的高度截取实际的影长，利用制图方法就可得到这一物体在该时刻的落影范围。

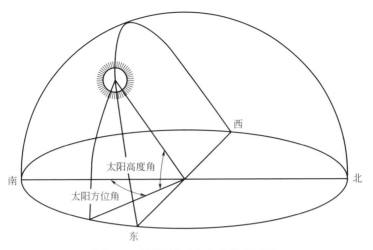

图 7-5　太阳离高度角与方位角示意

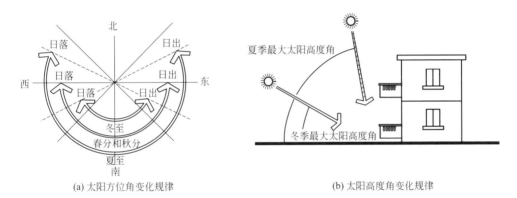

(a) 太阳方位角变化规律

(b) 太阳高度角变化规律

图 7-6　太阳高度角与方位角的变化规律

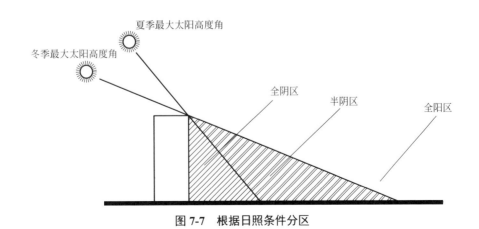

图 7-7　根据日照条件分区

第 7 章　园林植物种植设计的程序　111

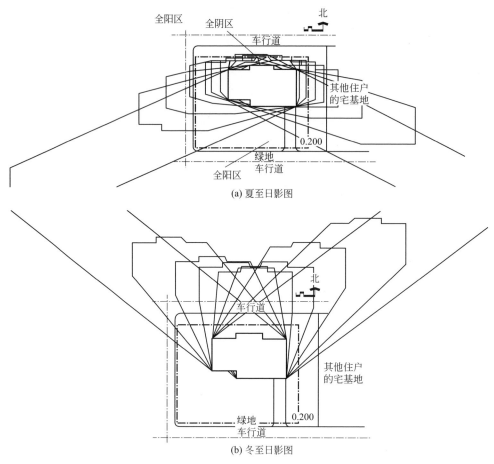

(a) 夏至日影图

(b) 冬至日影图

图 7-8 利用 CAD 进行日照分析

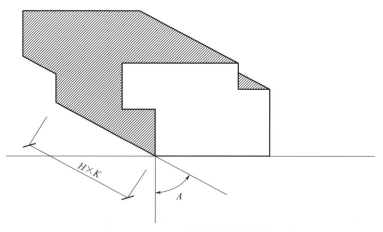

图 7-9 手工绘制建筑物的落影范围

(A—太阳方位角;H—太阳高度角;K—影长率)

通过对基地光照条件的分析，可以看出住宅的南面光照最充足、日照时间最长，适宜开展活动和设置休息空间，但夏季的中午和午后温度较高，需要遮阴。根据太阳高度角和方位角测算，遮阴效果最好的位置应该在建筑物的西南面或者南面，可以利用遮阴树（图7-10），也可以使用棚架结合攀缘植物进行遮阴，并应该尽量靠近需要遮阴的地段（建筑物或者休息、活动空间），但要注意地下管线的分布以及防火等技术要求。另外，冬季寒冷，为了延长室外空间的使用时间，提高居住环境的舒适度，室外休闲空间或室内居住空间都应该保证充足的光照，因此住宅南面的遮阴树应该选择分枝点高的落叶乔木，避免栽植常绿植物，如图7-11所示。

在住宅的东面或者东南面太阳高度角较低，所以可以考虑利用攀缘植物或者灌木进行遮阴，如图7-12所示。住宅的西面光照较为充足，可以栽植阳性植物，而北面光照不足，只能栽植耐阴植物。

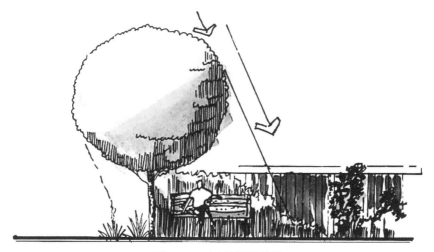

图7-10　树木的遮阴效果

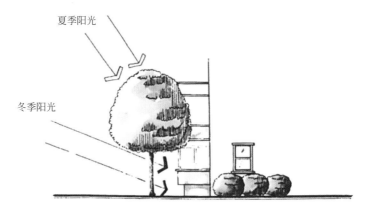

图7-11　住宅南面应该选择分枝点高的落叶乔木作为遮阴树

图7-12　住宅东面或东南面选择利用攀缘植物或灌木进行遮阴

（3）风

各个地区都有当地的盛行风向，根据当地的气象资料都可以得到这方面的信息。关于风最直观的表示方法就是风向玫瑰图。风向玫瑰图是根据某地风向观测资料绘制出形似玫瑰花的图形，用以表示风向的频率。如图7-13所示，风向玫瑰图中最长边表示的就是当地出现频率最高的风向，即当地的主导风向。通常基地小环境中的风向与这一地区的风向基本相同，但如果基地中有某些大型建筑、地形或者大的水面、林地等，基地中的风向也可能会发生改变。

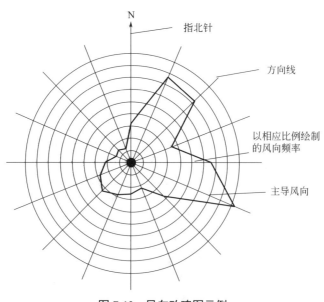

图7-13　风向玫瑰图示例

根据现场的调查，基地中的风向有以下规律：一年中住宅的南面、西南面、西面、西北面、北面风较多，而东面则风较少，其中夏季以南风、西南风为主，而寒冷冬季则以西北风和北风为主。因此，在住宅的西北面和北面应该设置由常绿植物组成的防风屏障，在住宅的南面和西南面则应铺设低矮的地被和草坪，或者种植分枝点较高的乔木，形成开阔界面，结合水面、绿地等构筑顺畅的通风渠道，如图 7-14、图 7-15 所示。除了基地的自然状况之外，还应该对于基地中的人工设施、视觉质量以及周围的环境进行分析。

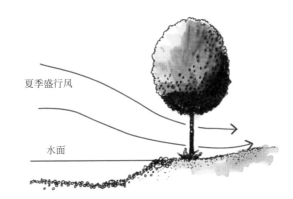

图 7-14　利用高分枝点的乔木构筑顺畅的风道

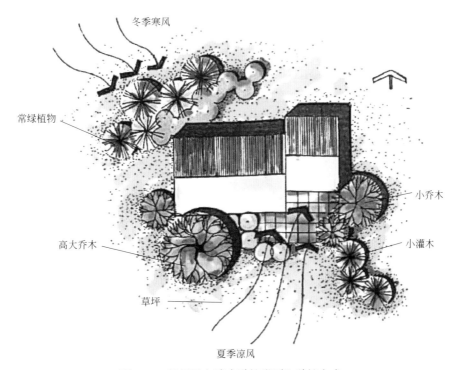

图 7-15　根据风向确定种植类型和种植方式

（4）人工设施

人工设施包括基地内的建筑物、构筑物、道路、铺装、各种管线等，这些设施往往也会影响植物的选择、种植点的位置等。

在本实例中最主要的人工设施就是住宅，如图 7-16 是建筑的正立面，植物色彩、质感、高度等都应该与建筑物匹配。除了地上设施之外，还应该注意地下的隐蔽设施。如住宅的北入口附近地下管线较为集中，这一地段仅能够种植浅根性植物，如地被、草坪、花卉等。

图 7-16　建筑物正立面

（5）视觉质量

视觉质量评价也就是对基地内外的植被、水体、山体和建筑等组成的景观从形式、历史文化及其特点等方面进行分析和评价，并将景观的平面位置、标高、视域范围以及评价结果记录在调查表或者图纸中，以便做到"俗则屏之，嘉则收之"。通过视线分析还可以确定观赏点位置，从而确定需要"造景"的位置和范围。

7.1.3.2　现状分析图

现状分析图主要是将收集到的资料以及在现场调查得到的资料利用特殊的符号标注在基地底图上，并对其进行综合分析和评价。本实例将现状分析的内容放在同一张图纸中，这种做法比较直观，但图纸中表述的内容较多，所以适合于现状条件不是太复杂的情况。如图 7-17 中包括了主导风向、光照、水分、主要设施、噪声、视线质量以及外围环境等分析内容，通过图纸可以全面了解基地的现状。

现状分析的目的是为了更好地指导设计，所以不仅仅要有分析的内容，还要有分析的结论。如图 7-18 就是在图 7-17 的基础上，对基地条件进行评价，得出基地中对于植物栽植和景观创造有利和不利的条件，并提出解决的方法。

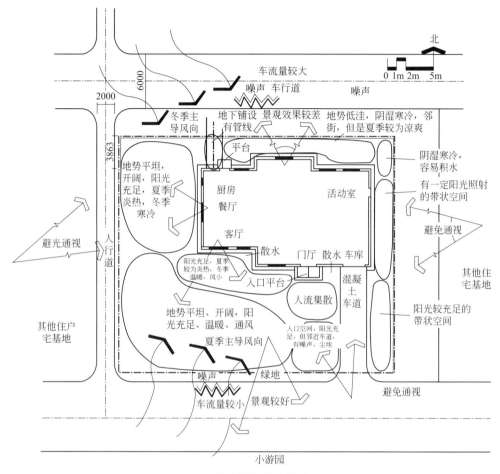

图 7-17　某庭院现状分析图（一）

7.1.4　编制设计意向书

对基地资料进行分析、研究之后，设计者需要确定总体设计原则和目标，并制订出用以指导设计的计划书，即设计意向书。设计意向书可以从以下几个方面入手：

① 设计的原则和依据；

② 项目的类型、功能定位、性质特点等；

③ 设计的艺术风格；

④ 对基地条件及外围环境条件的利用和处理方法；

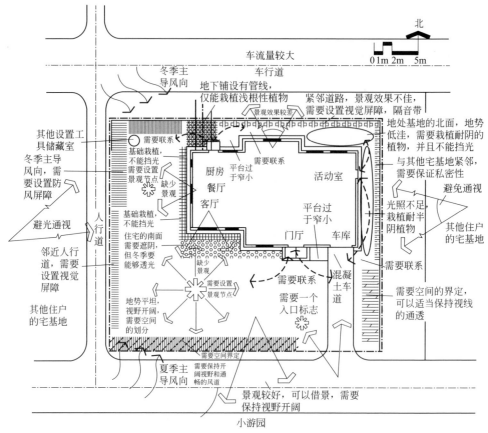

图 7-18　某庭院现状分析图（二）

⑤ 主要的功能区及其面积估算；

⑥ 投资概算；

⑦ 预期的目标；

⑧ 设计时需要注意的关键问题等。

以下是结合本实例编制的设计意向书，仅供参考。

设计意向书参考范例

A. 项目设计原则和依据

a. 原则：美观、实用。

b. 依据：《居住区环境景观设计导则》《城市居住规划设计规范》等。

B. 项目概况（绿地类型、功能定位、性质特点）

该项目属于私人宅院，主要供家庭成员及其亲友使用，使用人群较为固定，使用人数相对较少。

C. 设计的艺术风格

简洁、明快、中西结合，既古朴又略显时尚。

D. 对基地条件及外围环境条件的利用和处理

a. 有利条件：地势平坦，视野开阔，日照充足，南侧有一个小游园，景观较好。

b. 不利条件：外围缺少围合，外围交通对其影响较大；内部缺少空间分隔，交通不通畅；缺少入口标示，缺少可供观赏的景观。

c. 现有条件的利用和处理方法如下。

入口：需要设置标示。

东侧：设置视觉屏障进行遮挡。

车道：铺装材料重新设计，注意与入口空间的联系。

南侧：设置主体景观、休息空间、交通空间，栽植观赏价值高的植物，利用植物遮阴、通风，可以借景路南侧的小游园，但应该注意庭院空间的界定与围合，减弱外围交通的不利影响。

西侧：设置防风屏障，创造景观，设计小菜园，并配套工具储藏室，设置交通空间将前后庭院连通起来。

北侧：设置防风屏障、视觉屏障和隔声带，注意排水，栽植耐阴湿的植物。

E. 功能区及其面积

入口集散空间 15m^2，草坪空间 60m^2，私密空间（容纳 3 ~ 4 人）8m^2，聚餐空间（容纳 10 ~ 15 人）30m^2，小菜园 20m^2，工具储藏室 6m^2。

F. 设计时需要注意的关键问题

满足家庭聚会的要求，满足景观观赏的需要。

7.2　确定功能分区

7.2.1　功能分区草图

设计师根据现状分析以及设计意向书确定基地的功能区域，将基地划分为若干功能区，在此过程中需要明确以下问题。

① 场地中需要设置何种功能？每一种功能所需的面积是多少？

② 各个功能区之间的关系如何？哪些必须联系在一起，哪些必须分隔开？

③ 各个功能区的服务对象都有哪些，需要何种空间类型？比如是私密的还是开敞的，等等。

通常设计师利用圆圈或其他抽象的符号表示功能分区，即泡泡图。图中应标示出分区的位置、大致范围，各分区之间的联系等，如图 7-19 所示。入口区是出入庭院的通道，应该视野开阔，具有可识别性和标志性；集散区位于住宅大门与车道之间，作为室内外过渡空间用于主人日常交通或迎送客人；活动区主要开展一些小型的活动或者举行家庭聚会，以开阔的草坪为主；休闲区主要为主人及其家庭成员提供一个休息、放松、交流的空间，利用树丛围合；工作区是家庭成员开展园艺活动的一个场所，在这里设计一个小菜园。这一过程应该绘制多个方案，并深入研究和比照，从中选择一个最佳的分区设置组合方案。

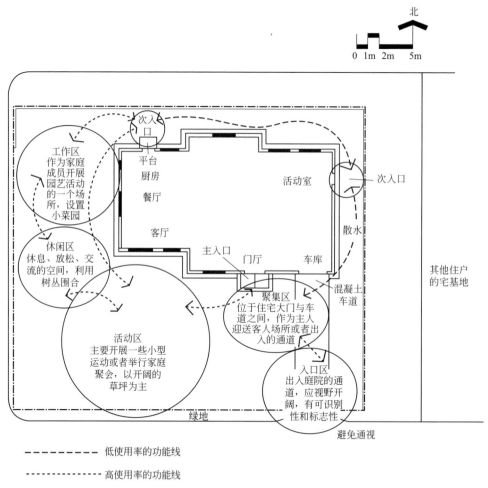

图 7-19　功能分区示意图（泡泡图）

　　在功能分区示意图的基础上，根据植物的功能，确定植物功能分区，即根据各分区的功能确定植物主要配置方式。如图 7-20 所示，在五个主要功能分区的基础上，植物功能分区分为防风屏障、视觉屏障、隔声屏障、开阔草坪、小菜园等。

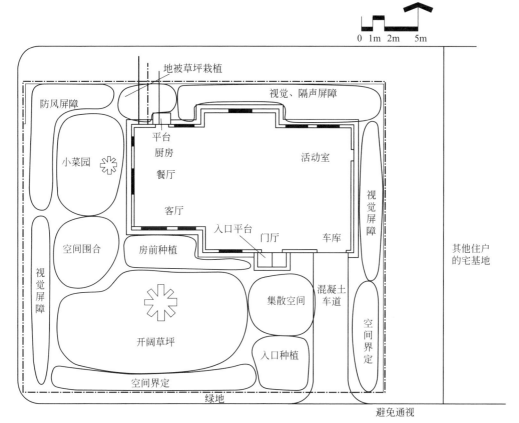

图 7-20 植物功能分区图

7.2.2 功能分区细化

（1）程序和方法

结合现状分析，在植物功能分区的基础上，将各个功能分区继续分解为若干不同的区段，并确定各区段内植物的种植形式、类型、大小、高度、形态等内容，如图 7-21 所示。

（2）具体步骤

① 确定种植范围。用图线标示出各种植物种植区域和面积，并注意各个区域之间的联系和过渡。

② 确定植物的类型。根据植物种植分区规划图选择植物类型，只需要确定是常绿的还是落叶的，是乔木、灌木、地被、花卉、草坪中的哪一类，并不需要确定具体的植物名称。

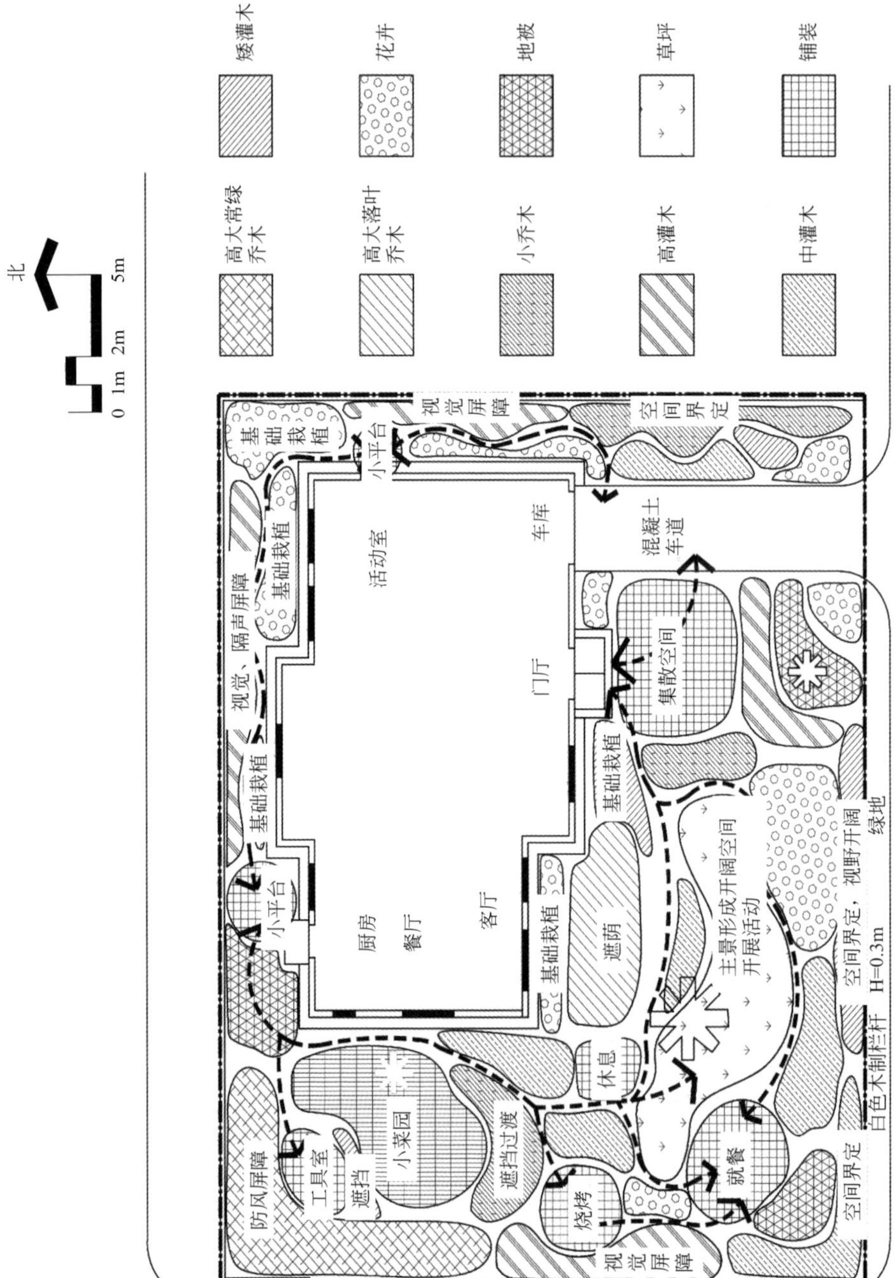

图 7-21 植物种植分区规划图

③ 分析植物组合效果。主要是明确植物的规格，最好的方法是绘制立面图，如图 7-22 所示。设计师通过立面图分析植物高度组合，一方面可以判定这种组合是否能够形成优美、流畅的林冠线；另一方面也可以判断这种组合是否能够满足功能需要，比如私密性、防风性等。

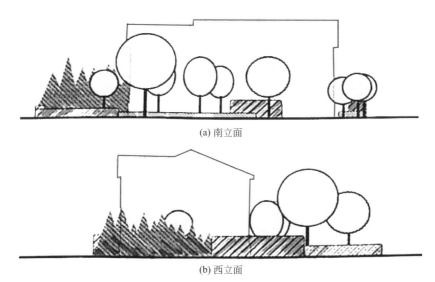

(a) 南立面

(b) 西立面

图 7-22　植物组合效果立面分析图

④ 选择植物的颜色和质感。在分析植物组合效果的时候，可以适当考虑一下植物的颜色和质感的搭配，以便在下一环节能够选择适宜的植物。以上环节都没有涉及具体的某一株植物，完全从宏观入手确定植物的分布情况。如同绘画一样，首先需要建立一个整体的轮廓，而并非具体的某一细节，只有这样才能保证设计中各部分紧密联系，形成一个统一的整体。另外，在自然界中植物的生长也并非孤立的，而是以植物群落的方式存在的，这样的植物景观效果最佳、生态效益最好。因此，植物种植设计应该首先从总体入手。

7.3　植物种植设计

7.3.1　设计程序

植物种植设计是以植物种植分区规划为基础的，要确定植物的名称、规格、种植方式、栽植位置等，常分为初步设计和详细设计两个阶段。

7.3.1.1 初步设计

(1) 确定孤植树

孤植树构成整个景观的骨架,所以首先需要确定孤植树的位置、名称规格和外观形态。这也并非最终的结果,在详细阶段可以再进行调整。如图 7-23 所示,在住宅建筑的南面与客厅窗户相对的位置上设置一株孤植树,它应该是高大、美观的,本方案选择的是国槐。国槐树冠球形紧密,绿荫如盖,7 ~ 8 月间黄白色小花还能散发出阵阵幽香,并且国槐在我国栽植历史较长,古人有"槐荫当庭"的说法。另一个重要景观节点是入口处,此处选择花楸,花楸的抗性强,并且观赏价值极高,夏季满树银花,秋叶黄色或红色,特别是冬果鲜红,白雪相衬,更为优美。

(2) 确定配景植物

主景一经确定,就可以考虑其他配景植物了。如南窗前栽植银杏,银杏可以保证夏季遮阴、冬季透光,优美的姿态也与国槐交相呼应,在建筑西南侧栽植几株山楂,白花红果,与西侧窗户形成对景,入口平台中央栽植栾枝榆叶梅,形成视觉焦点和空间标示。

(3) 选择其他植物

接下来根据现状分析按照基地分区以及植物的功能要求来选择配置其他植物(表 7-2)。如图 7-23 所示,入口平台外围栽植茶条槭,形成围合空间;车行道两侧配置细叶美女樱组成的自然花境;基地的东南侧栽植文冠果,形成空间的界定,通过珍珠绣线菊、棣棠形成空间过渡;基地的东侧栽植木槿,兼顾观赏和屏障功能;基地的北面寒冷,光照不足,所以以耐寒、耐阴植物为主,选择玉簪、萱草、耧斗菜以及东北红豆杉、珍珠梅等植物;基地西北侧利用云杉构成防风屏障,并配置麦李、山楂、海棠、红瑞木等观花或者观枝植物,与基地的西侧形成联系;基地的西南侧,与人行道相邻的区域,栽植枝叶茂密、观赏价值高的植物,如忍冬、黄刺玫、木槿、紫叶矮樱等,形成优美的景观,同时起到视觉屏障的作用;基地的南面则选择低矮的植被,如金山绣线菊、白三叶、草坪等,形成开阔的视线和顺畅的风道。

表 7-2 私人宅院种植初步设计植物选择列表

种类	名称
常绿乔木	云杉、东北红豆杉
落叶乔木	银杏、国槐、花楸、文冠果、山楂、紫叶矮樱、紫薇
灌木	珍珠梅、海棠、忍冬、棣棠、珍珠绣线菊、木槿、大花圆锥绣球、红瑞木、黄刺玫、鸾枝榆叶梅、茶条槭
花卉	花叶玉簪、萱草、耧斗菜、月季
地被	白三叶、百里香、金山绣线菊

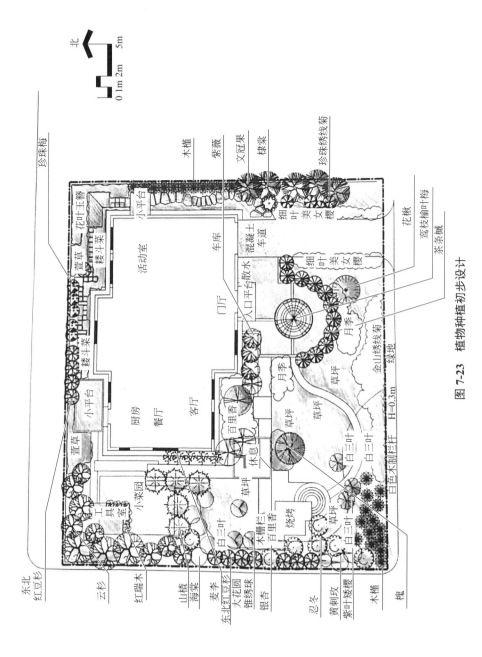

北

0 1m 2m 5m

珍珠梅

木槿
紫薇
文冠果
棣棠
珍珠绣线菊

细叶美女樱

小平台
活动室

莺枝榆叶梅
花楸
茶条槭

入口平台散水
混凝土车道
细叶美女樱

车库
门厅

月季

萱草
花叶玉簪
耧斗菜

金山绣线菊
绿地
H=0.3m
草坪

月季
草坪

百里香

草坪

木息
草坪

白三叶

白三叶

楼斗菜

厨房
餐厅
客厅

小平台
萱草

白色木制栏杆

东北
红豆杉

云杉

红瑞木

山楂
海棠
麦季
东北红豆杉
大花圆锥绣球
银杏

小菜园
工具室

草坪
白三叶
百里香

忍冬
黄刺玫
紫叶矮樱
木槿
槐

木栅栏
烧烤
白三叶
草坪

图 7-23 植物种植初步设计

7.3.1.2 详细设计

对照设计意向书，结合现状分析、功能分区、初步设计阶段的成果，进行设计方案的修改和调整。详细设计阶段应该从植物的形状、色彩、质感、季相变化、生长速度、生长习性等多个方面进行综合分析，以满足设计方案中的各种要求。

首先，核对每一区域的现状条件与所选植物的生态特性是否匹配，是否做到了适地适树。对于本例而言，由于空间较小，加之住宅建筑的影响，会形成一个特殊的小环境，所以在以乡土植物为主的前提下，可以结合甲方的要求引入一些适应小环境生长的植物，比如某些月季品种、棣棠等。

其次，从平面构图角度分析植物种植方式是否适合，比如就餐空间的形状为圆形，如果要突出和强化这一构图形式，植物最好采用环植的方式。然后，从景观构成角度分析所选植物是否满足观赏的需要，植物与其他构景元素是否协调。这些方面最好结合立面图或者效果图来分析，如图7-24是主景植物国槐的立面效果，图7-25是建筑西南角休息平台的景观效果，由图中可以看出银杏、麦李、百里香等植物的配置效果以及建筑、木制平台与植物的组合效果。通过分析还发现了一些问题，比如房屋东侧和南侧植物种类过于单一，景观效果缺少变化，所以应该在初步设计的基础上适当增加植物品种，形成更为丰富的植物景观。另外，房屋的西侧植物栽植有些杂乱，需要调整。

图7-24　孤植树——国槐立面图

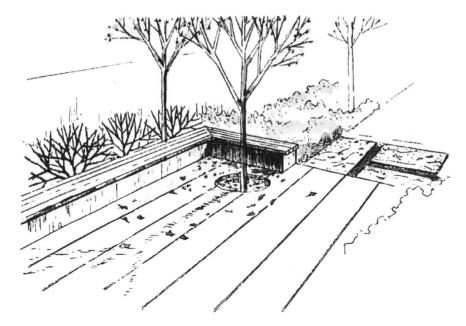

最后，进行图面的修改和调整，完成植物种植设计平面图（图 7-26），并填写苗木表，编写设计说明。

7.3.2 设计方法

7.3.2.1 植物品种选择

首先要根据基地的自然状况，如光照、水分、土壤等，选择适宜的植物，即植物的生态习性与生境应该对应。

其次，植物的选择应该兼顾观赏和功能的需要，两者不可偏废。比如根据植物功能分区，在建筑物的西北侧栽植云杉形成防风屏障；建筑物的西南面栽植银杏，满足夏季遮阴、冬季采光的需要；基地南面铺植草坪、地被，形成顺畅的通风环境。另外，园中种植的百里香香气四溢，还可以用于调味；月季不仅花色秀美、香气袭人，而且还可以作切花，满足女主人的要求。每一处植物景观都是观赏与实用并重，只有这样才能够最大限度地发挥植物景观的效益。

另外，植物的选择还要与设计主题和环境相吻合，如庄重、肃穆的环境应选择绿色或者深色调植物，轻松活泼的环境应该选择色彩鲜亮的植物，儿童空间应该选择花色丰富、无刺无毒的小型低矮植物（图 7-27），私人庭院应该选择观赏性高的开花植物或者芳香植物，少用常绿植物。

第 7 章 园林植物种植设计的程序 **127**

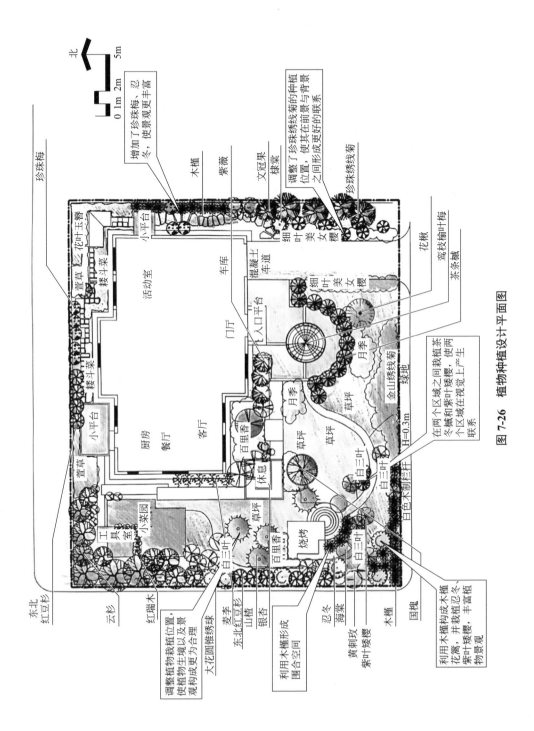

图 7-26 植物种植设计平面图

增加了珍珠梅、忍冬，使景观更丰富

珍珠梅

木槿

紫薇

文冠果

棣棠

调整了珍珠绣线菊的种植位置，使其在前景与背景之间形成更好的联系

珍珠绣线菊

细叶美女樱

细叶美女樱

花楸

变枝榆叶梅

茶条槭

月季

月季

金山绣线菊

草坪

绿地

白三叶

白三叶

H=0.3m

白色木制栏杆

在两个区域之间栽植茶条槭和紫叶矮樱，使两个区域在视觉上产生联系

活动室

车库

混凝土车道

入口平台

小平台

门厅

客厅

餐厅

厨房

百里香

休息

草坪

草坪

草坪

忍冬

海棠

黄刺玫

紫叶矮樱

木槿

国槐

利用木槿构成木槿冬花篱，并栽植忍冬、紫叶矮樱等丰富植物景观

小平台

小菜园

工具室

草坪

百里香

烧烤

麦季

东北红豆杉

山楂

银杏

大花圆锥绣球

调整植物栽植位置，使植物生境以及景观构成更为合理

利用木槿形成围合空间

红瑞木

云杉

东北红豆杉

萱草

樱斗菜

樱斗菜

萱草

花叶玉簪

小平台

北

忍冬

珍珠梅

0 1m 2m 5m

图 7-27　儿童活动空间植物景观构成示例

总之，在选择植物时，应该综合考虑各种因素：①基地自然条件与植物的生态习性（光照、水分、温度、土壤、风等）；②植物的观赏特性和使用功能；③当地的民俗习惯、人们的喜好；④设计主题和环境特点；⑤项目造价；⑥苗源；⑦后期养护管理等。

7.3.2.2　植物的规格

植物的规格与植物的年龄密切相关，如果没有特别的要求，施工时应栽植幼苗，以保证植物的成活率和降低工程成本。但在详细设计中，却不能按照幼苗规格配置，而应该按照成龄植物（成熟度 75% ～ 100%）的规格加以考虑。图纸中的植物图例也要按照成龄苗木的规格绘制，如果栽植规格与图中绘制规格不符，则应在图纸中给出说明。

7.3.2.3　植物布局形式

植物布局形式取决于园林景观的风格，比如规则式、自然式（图 7-28）以及中式、日式、英式、法式等。它们在植物配置形式上风格迥异、各有千秋。

图 7-28　自然式园林的植物景观效果

　　另外，植物的布局形式应该与其他构景要素相协调，比如建筑、地形、铺装、道路、水体等。如图 7-29（a）所示，规则式的铺装周围植物采用自然式布局方式，铺装的形状没有被突出；而图 7-29（b）中植物按照铺装的形式行列式栽植，铺装的轮廓得到了强化。当然这一点也并非绝对，在确定植物具体的布局形式时还需要综合考虑周围环境、园林风格、设计意向、使用功能等内容。

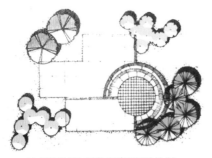

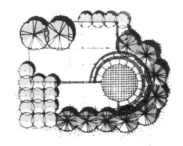

(a) 植物种植与铺装没有很好地协调　　　　　(b) 植物种植与铺装协调，强化了铺装的轮廓

图 7-29　植物布局方式应该与铺装形状协调

　　还需要注意的是，在图中一定要标注清楚植物种植点的位置，因为在项目实施过程中，需要根据图中种植点的位置栽植植物，如果植物种植点的位置出现偏差，就可能会影响整个景观效果，尤其是孤植树种植点的位置更为重要。

7.3.2.4　植物栽植密度

植物栽植密度是指植物的种植间距。要想获得理想的植物景观效果，就应该在满足植物正常生长的前提下，保证植物成熟后相互搭接，形成植物组团。如图7-30（a）所示，植物种植间距过大，以单体形式孤立存在，显得杂乱无章，缺乏统一性；而图7-30（b）中，植物相互搭接，以一个群体的状态存在，在视觉上形成统一的效果。因此，作为设计师不仅要知道植物幼苗的大小，还应该清楚植物成熟后的规格。另外，植物的栽植密度还取决于所选植物的生长速度。对于速生树种，间距可以稍大些，因为它会很快长大，填满整个空间。对于慢生树种，间距要适当减小，以保证其在尽量短的时间内形成效果。所以说，植物种植最好是速生树种和慢生树种组合搭配。也就是说要增加种植数量，减小栽植间距，当植物生长到一定时期后再进行适当的间伐，以满足观赏和植物生长的需要（图7-31）。对于这一情况，在种植设计图中要用虚线表示后期需要间伐的植物。

(a) 植物种植间距较大，缺乏统一性　　　　　(b) 植物之间重叠，整体性较强

图 7-30　植物栽植密度的确定

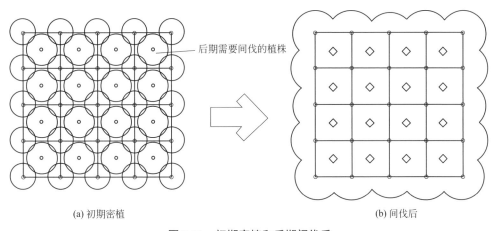

(a) 初期密植　　　　　　　　　　　　　　　(b) 间伐后

后期需要间伐的植株

图 7-31　初期密植和后期间伐后

植物栽植间距可参考表 7-3 进行设置。

表 7-3　植物栽植间距　　　　　　　　　单位：m

名称		下限	上限
单行行道树		4.0	6.0
双行行道树		3.0	5.0
乔木群植		2.0	—
乔木与灌木混植		0.5	—
灌木群植	大灌木	1.0	3.0
	中灌木	0.75	2.0
	小灌木	0.3	0.5

7.3.2.5　满足技术要求

在确定具体种植点位置的时候还应该注意符合相关设计规范和技术规范的要求。

① 注意植物种植点位置与管线、建筑的距离，具体内容见表 7-4 和表 7-5。

② 道路交叉口处种植树木时，必须留出非植树区，以保证行车安全视距，即在该视野范围内不应栽植高于 1m 的植物，而且不得妨碍交叉口路灯的照明，具体要求参见表 7-6。

植物种植设计涉及自然环境、人为因素、美学艺术、历史文化、技术规范等多个方面，在设计中需要综合考虑。但由于篇幅有限，本章对于植物种植方法和步骤的论述也未涵盖所有情况。

表 7-4　绿化植物与管线的最小间距　　　　　　单位：m

管线名称	最小间距	
	乔木（至中心）	灌木（至中心）
给水管	1.5	不限
污水管、雨水管、探井	1.0	不限
煤气管、探井、热力管	1.5	1.5
电力电缆、电信电缆	1.5	1.0
地上杆柱（中心）	2.0	不限
消防龙头	2.0	1.2

注：节选自《居住区环境景观设计导则》。

表 7-5　绿化植物与建筑物、构筑物的最小间距　　　　　　　单位：m

建筑物、构筑物名称		最小间距	
		乔木（至中心）	灌木（至中心）
建筑物	有窗	3.0 ～ 5.0	1.5
	无窗	2.0	1.5
挡土墙顶内和墙角外		2.0	0.5
围墙		2.0	1.0
铁路中心线		5.0	3.5
道路（人行道）路面边缘		0.75	0.5
排水沟边缘		1.0	0.5
体育用场地		3.0	3.0

注：节选自《居住区环境景观设计导则》。

表 7-6　道路交叉口植物种植规定　　　　　　　　　　　　单位：m

交叉道口类型	非植树区最小尺度
行车速度＜ 40km/h	30
行车速度＜ 25km/h	14
机动车道与非机动车道交叉口	10
机动车道与铁路交叉口	50

7.4　绘制植物种植设计施工图

植物种植设计施工图是植物种植施工、工程预结算、工程施工监理和验收的依据，它应能准确表达种植设计的内容和意图。植物种植设计施工图主要包括种植设计说明、植物种植设计图、苗木表三个部分。

7.4.1　种植设计说明

园林绿地植物种植技术规范主要包括总则、一般规定、种植前的准备、种植、验收五个部分。而种植设计说明主要讲述的是种植这个部分，根据不同的项目阐述种植的要点，本案例中的种植设计说明包括总种植要点，苗木的土壤、土球、种植穴的要求说明，屋顶种植，标准种植详图四部分。

7.4.2　植物种植设计图

7.4.2.1　植物种植设计图常见问题

（1）缺少对现状植物的表示

植物种植范围内往往有一些现状植物，从保护环境的角度出发，应尽量保留这些现状植物，特别是古树古木、大树及具有观赏价值的草本、灌木等。设计者往往只在施工图中用文字说明而没有图示现状植物，使施工图的准确性不高，可操作性不强，有些甚至连说明都没有，最后导致错伐植物，破坏环境。

（2）文字标注不准确

植物种植设计图普遍采用特定的图例表示各种植物类型，用文字（或数字编号）标注说明植物名称，而对不同种植点的植物规格要求、造型要求和重要点位的坐标等普遍都没有标注，造成按图施工的可操作性不强，往往需要设计人员亲自选苗、到现场指导和定点放线，才能达到设计要求。这不利于分工合作，易造成人力资源的浪费。

7.4.2.2　植物种植图绘制要点

（1）现状植物的表示

设计者结合植物现状条件，保留一些乔灌木，其做法是应用全站仪普测场地范围内的大树位置坐标数据，套叠在现状地图上，绘出准确的植物现状图，利用此图指导方案设计与种植设计。在施工图中，用乔木图例内加竖细线的方法区分原有树木与设计树木，再在说明中讲明其区别。本案例植物种植设计图中没有现状保留的乔灌木。

（2）总图与分图、详图问题

设计范围的面积有大有小，技术要求有简有繁，如果一概都只画一张平面图则很难表达清楚设计思想与技术要求，制图时应分别对待处理。对应设计范围面积大，设计者采用总平面图（表达园与园之间的关系，总的苗木统计表）→各地块平面分图（在一张图中表达各地块的边界关系，该园的苗木统计表）→各地块平面分图（表达地块内的详细植物种植设计，该地块的苗木统计表）→重要位置的大样图，四级图纸层次来进行图纸文件的组织与制作，使设计文件能满足施工、招投标和工程预结算的要求。对于景观要求细致的种植局部，施工图应有表达植物高低关系、植物造型形式的立面图、剖面图、参考图或文字说明与标注。本案例植物种植设计图包括植物配置总平面图、小乔木灌木配置平面图、地被配置平面图。

7.4.3 苗木表

由于植物的有生命性特点，同一种植物的生长状况、形状姿态、人工整形修剪
形式不一，所营造出来的景观各异，施工技术、养护要求和工程营造也不同。我国现
行的风景园林制图相关标准对种植设计图中的苗木表内容未做规定。有教材认为苗木
表的内容应包括：编号、树种、数量、规格、苗木来源和备注等内容。比较普遍采用
的苗木表的格式也包括：编号、树种、规格、种植面积、种植密度、数量和备注等内
容。少数图纸能做到在苗木表中包括植物的拉丁学名、植物种植时和后续管理时的形
状姿态以及人工整形修剪形式特殊造型要求等。由于苗木表内容不统一，不仅给工程
施工带来不便，而且给工程预结算、工程招标、工程施工监理和验收等工作带来困
难。本案例苗木表内容包括编号、拉丁文、中文名称、规格、数量和备注等内容，其
中规格包括枝下高、树高、胸径、冠幅、土球直径。以下是该案例的种植设计说明、
植物种植图、苗木表。

种植设计说明

一、总种植要点

① 严格按苗木表规格购苗，应选择根系发达、枝干健壮、树形优美、无病虫害的
苗木。大苗移植尽量减少截枝量，严禁出现没枝的单干树木，乔木分枝点不少于 4 个。
树型特殊的树种，分枝必须有 4 层以上。

a. 木樨等常绿乔木需全冠种植，其他常绿乔木施工种植后，须带三级以上分枝，
切忌"杀头"处理，树形保持其原有形状，并且无明显阴面、阳面之分。

b. 小叶紫薇等所有落叶乔木需全冠移植，施工种植后，根据不同树种，须带 2～3
级或更多的分叉枝，树型保持完整，姿态优美。

② 规则式种植的乔灌木，同一树种规格大小应统一。丛植和群植乔灌木应高低错
落，灵活布置。

③ 分层种植的花带，植物带边缘轮廓种植密度应大于规定密度，平面线形应流
畅，边缘呈弧形。高低层次分明，且与周边点缀植物高差不少于 30cm。

④ 孤植树应树形姿态优美、奇特、耐看。

⑤ 整形装饰绿篱苗木规格大小应一致，修剪整形的观赏面应为圆滑曲线弧形，起
伏有致。

⑥ 植后应每天浇水至少两次，集中养护管理。

⑦ 大苗严格按土球设计要求移植。大规格乔木移植时，须掌握移植时间，选用运
迁苗移植；移植时应对树木进行修剪，带泥球移植；大树在种植后必须设扁担桩或三
角撑加以支撑。为确保大树移植成活及生长良好，可于种植穴内放置营养土，并于种
植时拌施有机肥。

⑧ 草皮移植平整度误差≤1cm。

⑨ 苗木表说明：

a. 苗木表中所规定的冠幅，是指乔木修剪小枝后，大枝的分枝最低幅度或灌木的叶冠幅。而灌木的冠幅尺寸是指叶子丰满部分。只伸出外面的两三个单枝不在冠幅所指之内，乔木也应尽量多留些枝叶。

b. 若苗木表中同一植物同一档规格有较大变化幅度，则施工准备苗木时，应采用大、中、小搭配的方式，而不应单取最小值；选苗时，如无特殊注明的，应注意植物外观的均衡美观，不能选用比例失调的苗木（如只是高度达标，冠幅不符合要求；或只满足冠幅大小而忽略高度的适当比例）。

⑩ 规格表上如未规定乔木高度，则要求该乔木不能去掉主树梢。

⑪ 城市建设综合工程中的绿化种植，应在主要建筑、地下管线、道路工程等主体工程完成后进行。

⑫ 种植植物时，若发现电缆、管道、障碍物等则要停止操作，及时与有关部门协商解决。

⑬ 凡有加树池的植物，若其土球球径大于树池内径，则应先栽树，后砌树池外缘。树池外缘大小可根据树干大小而进行调整。

二、苗木的土壤、土球、种植穴的要求说明

1. 绿化场地平整清理及种植土回填

① 种植场地应按预算定额规定在 ±30cm 高差以内，平整绿化地面至设计坡度要求，同时清除碎石及杂草杂物；平整要顺地形和周围环境，整成龟背形、斜坡形等。一般未特殊设计的地形，其坡度可定在 2.5% ~ 3.0% 之间以利于排水。

② 所有靠路边、路牙沿线内 50 ~ 100cm 宽的绿地或花池地面应低于路边、路牙或花池 3 ~ 5cm，并在地面处理时将地面水引至排水管井。

③ 地形处理除满足景观要求外，还应考虑将地面水最终集水至排水管井排走。

④ 种植土回填：根据设计标高结合现场组织施工，如场地排水不良的应按需要挖暗沟埋设有孔 DN100PVC 排水管至排水板，或回填不少于 10cm 厚疏水材料（如陶粒等）加盖 1 到 2 层土工布。当不需回填土方时则应翻耕 30cm，并针对性加入泥炭土、沙等改土物质，如发现土质较差则应进行换土处理；回填厚度小于 30cm 的则直接回填种植土；回填厚度大于 30cm 的可先回填疏松的土壤再回填 30cm 种植土。根据地形标高图整理地形达到 90% 时，可在征得设计师同意的基础上先种植乔木、大灌木；再对剩余地形进行整理，征得设计师同意后种植地被；铺草之前需进行细部翻耕（深度控制在 5 ~ 10cm 内），由坡地底部向坡顶细耕，底部与园路、水池、道牙等位置应保持土面低于此类完成面 5cm，并整体跟随其高度变化而变化，产生整齐效果。种植土以排水良好、肥沃的土壤为宜。当种植土不符合要求时，施工单位应根据实际情况对

其进行改良，以利于植物的正常生长。

2. 土壤要求

① 对种植地区的土壤理化性质进行化验分析，采用相应的消毒、施肥和客土等措施。

② 土壤应选用疏松湿润、排水良好、pH 为 5 ~ 7、含有机质的肥沃土壤，强酸碱土、盐土、重黏土、沙土等，均应根据设计要求，采用客土或采取改良措施。

③ 对草坪、花卉种植地应施基肥，翻耕 25 ~ 30cm，搂平耙细，去除杂物，平整度和坡度应符合设计要求。

④ 在耕翻中，若发现土质不符合要求，必须换合格土。换土量最小标准为：带土球苗木，种植穴内土壤必须更换；灌木花坛种植，种植范围内换土在 30cm 以上；换土后应压实，使密实度达 80% 以上，以免因沉降产生坑洼。

⑤ 园林植物生长所需的最小种植土层厚度应符合下表规定。

园林植物生长所需的最小土层厚度

植被类型	草本花卉	草坪地被	小灌木	大灌木	浅根乔木	深根乔木
土层厚度 /cm	30	30	45	60	90	150

3. 苗木土球、种植穴要求

① 种植穴应符合设计图纸要求，位置要准确。

② 土层干燥地区应在种植前浸种植穴。

③ 种植穴应施入腐熟的有机肥作为基肥。

④ 树木土球直径计算应为：普通苗木土球直径 = 2×树地径周长 + 树直径，大苗土球直径应加大，根据不同情况，土球直径是胸径的 7 ~ 10 倍，种植穴深度应是土球高度的 2/3。

⑤ 种植穴应根据苗木根系、土球直径和土壤情况而定；种植穴应垂直下挖，上口下底相等，规格应符合下表。

常绿乔木类种植穴规格　　　　单位：cm

树高	土球直径	种植穴深度	种植穴直径
150	40 ~ 50	50 ~ 60	80 ~ 90
150 ~ 250	70 ~ 80	80 ~ 90	100 ~ 110
250 ~ 400	80 ~ 100	90 ~ 110	120 ~ 130
400 以上	140 以上	120 以上	180 以上

竹类种植穴规格

种植穴深度	种植穴直径
比盘根或土球深 20～40cm	比盘根或土球大 40～60cm

落叶乔木类种植穴规格　单位：cm

胸径	种植穴深度	种植穴直径	胸径	种植穴深度	种植穴直径
2～3	30～40	40～60	5～6	60～70	80～90
3～4	40～50	60～70	6～8	70～80	90～100
4～5	50～60	70～80	8～10	80～90	100～110

绿篱类种植穴规格　单位：cm

冠径	种植穴深度	种植穴直径
200	70～90	90～110
100	60～70	70～90

绿篱类种植穴规格　单位：cm

苗高	种植穴规格（深×宽）	
	单行种植	双行种植
50～80	40×40	40×60
100～120	50×50	50×70
120～150	60×60	60×80

三、屋顶种植

① 当种植区位于地下室屋顶上部（屋面及绿墙顶部空中花槽参照执行）时，采用以下做法：采用轻质种植土，控制容重，应根据具体部位的屋顶结构承重能力决定，请参照结构图纸并与专业人员协商。

② 铺设种植土前，应首先核查该部分的土中积水排除系统是否已施工完善，经确认后先按设计要求完成碎石疏水层（排水层或网状分布的疏水通道），然后方可铺设种植土，严格按照施工规范铺设疏水设施及种植土。

③ 当可铺土深度超过所需种植土深度时，为节省投资，种植土下部填充素土、种植土按上面提到的土壤要求执行，素土不应含酸碱杂质，且需夯实。由于本工程的土下结构承重板不允许采用机械夯实，因此应采用小木夯或水沉的方法夯至饱水时不会自沉为止。

④ 积水排除系统及疏水层做法见地下室屋顶部分有关图纸。

四、标准种植详图

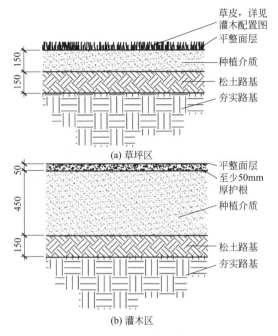

草皮，详见
灌木配置图
平整面层
种植介质
松土路基
夯实路基

(a) 草坪区

平整面层
至少50mm
厚护根
种植介质
松土路基
夯实路基

(b) 灌木区

图 1　典型土壤断面

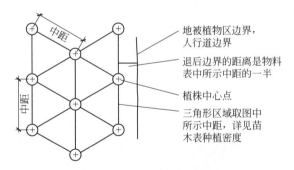

地被植物区边界，
人行道边界
退后边界的距离是物料
表中所示中距的一半
植株中心点
三角形区域取图中
所示中距，详见苗
木表种植密度

(a) 坡地种植平面布置示意

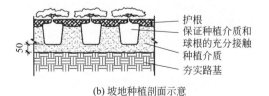

护根
保证种植介质和
球根的充分接触
种植介质
夯实路基

(b) 坡地种植剖面示意

图 2　坡地种植大样

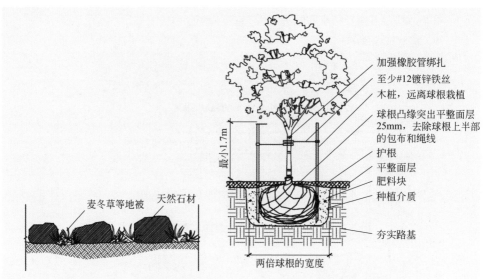

图3 竹丛下布置天然石材并间植麦冬草等

图4 落叶乔木种植大样

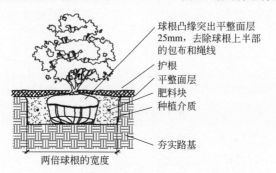

图5 灌木种植大样

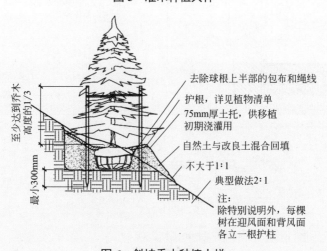

图6 斜坡乔木种植大样

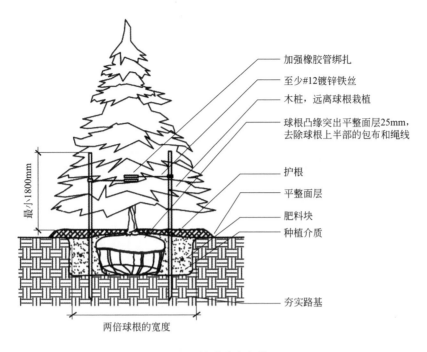

加强橡胶管绑扎

至少#12镀锌铁丝

木桩，远离球根栽植

球根凸缘突出平整面层25mm，去除球根上半部的包布和绳线

护根

平整面层

肥料块

种植介质

夯实路基

最小1800mm

两倍球根的宽度

图7　针叶乔木大样

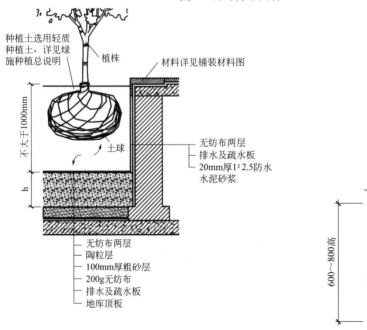

种植土选用轻质种植土，详见绿施种植总说明

植株

材料详见铺装材料图

不大于1000mm

土球

h

无纺布两层
排水及疏水板
20mm厚1∶2.5防水水泥砂浆

无纺布两层
陶粒层
100mm厚粗砂层
200g无纺布
排水及疏水板
地库顶板

500～600宽

600～800高

图8　地库顶板种植详图

图9　整形修剪绿篱墙大样

注：当1200（顶板设计荷载）＜H≤1600时，h部分用轻质陶粒回填以减轻荷载。当H＞1600时，h部分采用砌筑地垄墙（详结施）以减轻荷载。

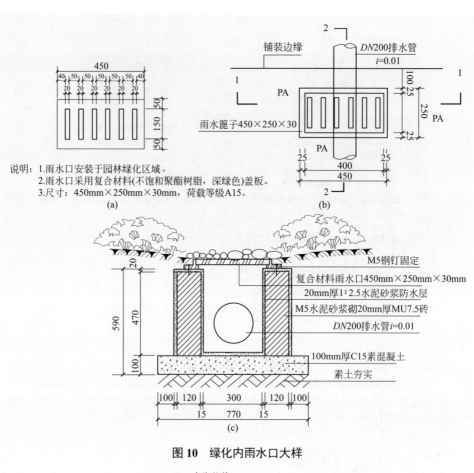

说明：1.雨水口安装于园林绿化区域。
　　　2.雨水口采用复合材料(不饱和聚酯树脂，深绿色)盖板。
　　　3.尺寸：450mm×250mm×30mm，荷载等级A15。

图 10　绿化内雨水口大样

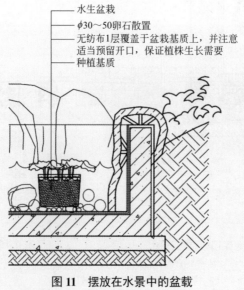

图 11　摆放在水景中的盆载

该案例的植物种植图和苗木表如图 7-32 和表 7-7 所示。

植物种植设计图

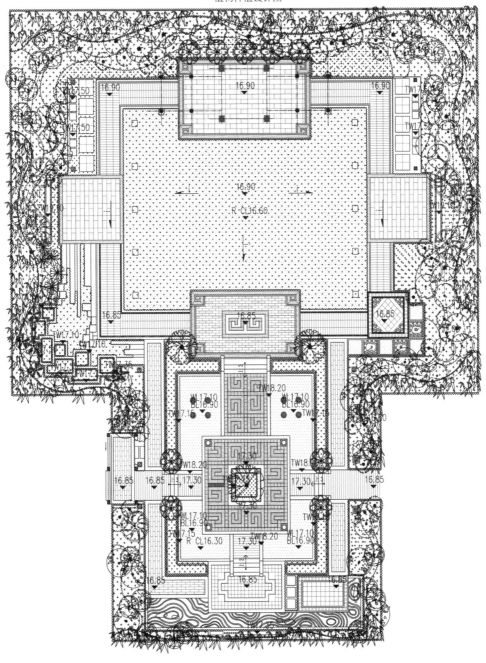

① 植物配置总平面图

图 7-32

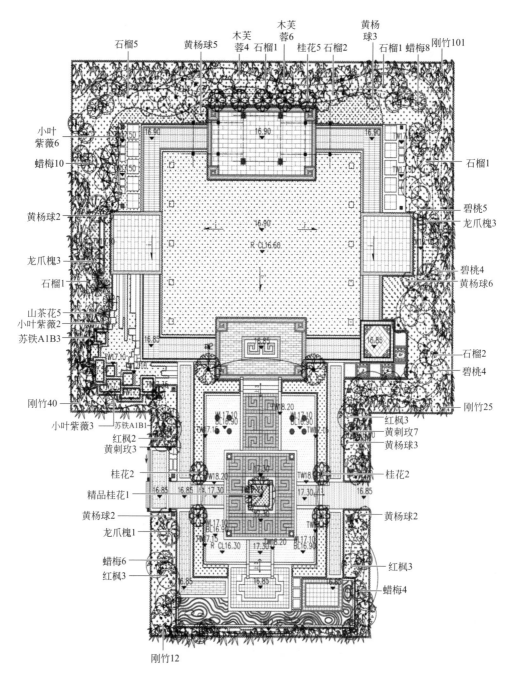

石榴5　黄杨球5　木芙蓉4　木芙蓉6　石榴1　桂花5　石榴2　黄杨球3　石榴1　蜡梅8　刚竹101

小叶紫薇6
蜡梅10

黄杨球2

龙爪槐3
石榴1
山茶花5
小叶紫薇2
苏铁A1B3

刚竹40
小叶紫薇3　苏铁A1B1
红枫2
黄刺玫3
桂花2
精品桂花1
黄杨球2
龙爪槐1
蜡梅6
红枫3

16.90

16.90

16.90

16.90

R CL16.60

16.85

石榴1
碧桃5
龙爪槐3

碧桃4
黄杨球6

石榴2
碧桃4

刚竹25
红枫3
黄刺玫7
黄杨球3

桂花2
黄杨球2

红枫3
蜡梅4

刚竹12

② 小乔木及灌木配置平面图

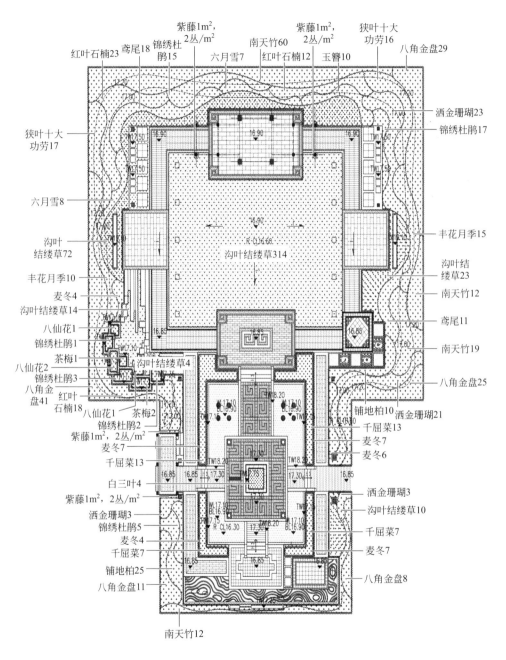

红叶石楠23　鸢尾18　锦绣杜鹃15　六月雪7　紫藤1m²，2丛/m²　南天竹60　红叶石楠12　紫藤1m²，2丛/m²　玉簪10　狭叶十大功劳16　八角金盘29

狭叶十大功劳17

洒金珊瑚23

锦绣杜鹃17

六月雪8

沟叶结缕草72

丰花月季10

麦冬4

沟叶结缕草14

八仙花1

锦绣杜鹃1

茶梅1

八仙花2

锦绣杜鹃3

八角金盘41

红叶石楠18

沟叶结缕草4

八仙花1

茶梅2

锦绣杜鹃2

紫藤1m²，2丛/m²

麦冬7

千屈菜13

白三叶4

紫藤1m²，2丛/m²

洒金珊瑚3

锦绣杜鹃5

麦冬4

千屈菜7

铺地柏25

八角金盘11

南天竹12

丰花月季15

沟叶结缕草23

南天竹12

鸢尾11

南天竹19

八角金盘25

铺地柏10　洒金珊瑚21

千屈菜13

麦冬7

麦冬6

洒金珊瑚3

沟叶结缕草10

千屈菜7

麦冬7

八角金盘8

沟叶结缕草314

沟叶结缕草10

③ 地被配置平面图

图 7-32　植物种植图

表 7-7 苗木表

序号	中文名称	规格					数量/株	备注
		枝下高/m	树高/m	胸径/cm	冠幅/m	土球直径/cm		
小乔木及灌木								
1	石楠	—	3.5～4.0	8～10	2.8～3.2	100	2	丛生状，至少6支主枝以上/株，树冠饱满，枝叶茂密，不偏冠
2	精品桂花	1.5～1.8	3.5～4.0	8～10	2.8～3.2	100	1	单杆，假植移植，全冠，丹桂品种
3	桂花	—	2.0～2.5	主干3～5	1.8～2.0	60	9	丛生苗，3～5支/丛，四季桂品种假植移植
4	龙爪槐	1.2～1.5	2.5～2.8		2.2～2.5	—	7	假植移植
5	石榴	—	2.5～3.0	主干4～5	2.2～2.5	—	13	丛生苗，至少4～5分枝/丛，枝叶密实
6	蜡梅	0.8～1.0	2.5～2.8	主干5～6	1.8～2.0	—	26	假植移植，全冠
7	小叶紫薇	—	2.5～2.8	主干5～6	1.5～1.8	—	11	丛生苗，至少4～5分枝/丛，枝叶密实
8	红枫	—	2.0～2.5	地径3～5	2.0～2.5	—	11	常年红品种，假植苗，全冠
9	碧桃	0.6～0.8	1.8～2.0	主干3～5	1.8～2.0	—	13	假植移植，全冠
10	木芙蓉	0.8～1.0	1.8～2.0	地径3～5	1.8～2.0	—	10	假植苗，树叶密实
11	山茶花	—	1.8～2.0	主干3～5	1.2～1.5	—	5	假植移植，全冠
12	黄刺玫	0.6～0.8	1.5～1.8	主干2～3	1.2～1.5	—	10	假植移植，全冠
13	苏铁A	—	1.2～1.5	—	1.2～1.5	—	2	至少16片完整叶
14	苏铁B	—	0.8～1.0	—	1.0～1.2	—	4	至少14片完整叶

序号	中文名称	规格					数量/株	备注
		枝下高/m	树高/m	胸径/cm	冠幅/m	土球直径/cm		
15	黄杨球	—	1.2～1.5	—	1.5～1.8	—	23	假植移植，球形浑圆不脱脚
16	刚竹	—	4.0～4.5	—	—	—	178m³	假植移植，保留全尾，每平方米种10～12株

序号	中文名称	规格			种植密度/(盆或袋/m²)	面积/m²	备注
		高度/m	冠幅/m	其他			

花灌木及地被

序号	中文名称	高度/m	冠幅/m	其他	种植密度/(盆或袋/m²)	面积/m²	备注
1	红叶石楠	0.4～0.5	0.3～0.4	5寸盆	25	53	整形修剪
2	南天竹	0.5～0.6	0.4～0.5	5寸盆	25	103	片植
3	八角金盘	0.5～0.6	0.4～0.5	7斤袋	16	114	片植
4	八仙花	0.3～0.4	0.2～0.3	5斤袋	25	4	片植，选用各花色混种，满铺
5	狭叶十大功劳	0.4～0.5	0.3～0.4	7斤袋	25	33	整形修剪
6	丰花月季	0.4～0.5	0.2～0.3	5斤袋	36	25	片植
7	锦绣杜鹃	0.3～0.4	0.3～0.4	7斤袋	25	43	片植
8	洒金珊瑚	0.3～0.4	0.2～0.3	5斤袋	36	50	整形修剪
9	铺地柏	0.3～0.4	0.3～0.4	5斤袋	25	35	整形修剪
10	茶梅	0.3～0.4	0.2～0.3	5斤袋	36	3	片植
11	六月雪	0.2～0.3	0.2～0.3	3斤袋	64	15	片植
12	玉簪	0.2～0.3	0.2～0.3	3斤袋	64	10	满铺

序号	中文名称	规格			种植密度/(盆或袋/m²)	面积/m²	备注
		高度/m	冠幅/m	其他			
13	千屈菜	0.3～0.4	0.2～0.3	3斤袋	64	40	片植
14	鸢尾	—	—	3斤袋	—	29	至少10片全叶，选用各花色混种，满铺
15	白三叶	—	—	3斤袋	80	4	满铺
16	麦冬	—	—	3斤袋	80	42	满铺
17	沟叶结缕草	—	—	—		437	冷季型草，满铺
18	紫藤	—	长度：1.5～2.0m	—	8丛		盆苗。每丛3～4株，攀缘建筑外墙或花架、廊柱

注：1. 本苗木表中所列苗木规格是指移植后经初期养护，达到较为理想的景观效果时的设计要求，初栽种时为保证成活率可适当摘叶剪枝，修剪程度严格按种植设计总说明的种植要点执行。

2. 灌木配置图中小苗的规格、高度应严格按照设计要求，冠幅和密度为互补值，须保证小苗栽植后有良好的全覆盖感官效果，基本不露黄土。

3. 除已说明选用盆苗外，其余地被灌木均按规格选用袋苗，1寸≈0.03m，1斤=0.5kg。地被数量若与现场情况有冲突，应以现场为准。

4. 地被面积已在地被配置图中标出，数字即以平方米为单位的该种地被面积。

5. 塑石部分未作详细种植图，根据现场塑石形状局部应适量种植地被植物，并尽可能地使其做得丰富、生态，符合生长要求，色彩搭配得当。供选择的地被植物有：迎春、鸢尾、麦冬、藤本月季、地锦等。

6. 复核各种乔木数目时，可在电子文件中圈选统计。

7. 复核本苗木表中成片铺植的灌木面积时，可在电子文件中沿灌木边界线圈点统计。

下 篇

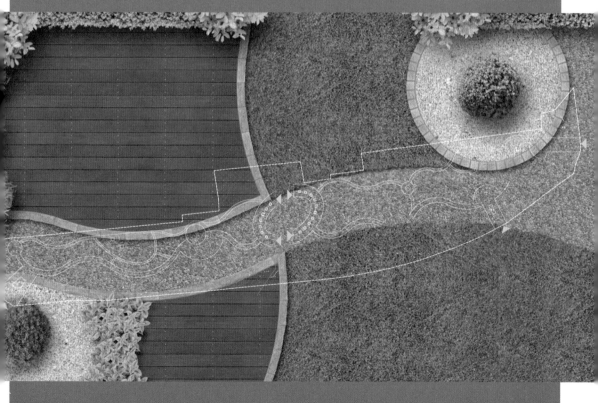

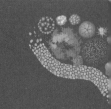

第8章

庭院绿地植物种植设计

随着经济的快速发展，人们的生活水平逐渐升高，追求私人独立性的院落悄然兴起，小庭院景观设计应运而生。目前私家小庭院景观设计也不再只是简单地只在意室内的舒适度，而是以追求全方位的健康、休闲、生态、美观为目标，以提升居住品位和与大自然亲密接触为设计理念，创造具有多功能性质的生态庭院景观。

8.1　学习目标

（1）知识目标

① 了解庭院绿地的类型。

② 了解庭院绿地植物种植设计的要点。

③ 熟悉园林植物种植设计图中乔木、灌木、地被藤本等植物的平面、立面图例画法。

（2）技能目标

① 能辨别常绿、落叶、针叶、阔叶的乔木和灌木在平面表现方法上的区别，具有合理选择庭院植物的能力。

② 能识读并按规范绘制植物种植设计图和植物施工图，具备庭院植物种植设计的能力。

8.2　相关知识

8.2.1　庭院施工前流程及注意事项

庭院设计之初，有必要先对庭院环境进行了解，并了解业主设计庭院的目的。然后确定设计风格，并确定施工次序等细节。

（1）施工前的基地调查

基地调查要了解基地是露地还是楼板，调查总体来说要注意三大重点。

① 尺寸　庭院形状，有圆形（图 8-1）、方形（图 8-2），其中方形的庭院最好施工。还要了解各边长度和总面积。

② 环境条件　包含基地的土壤厚度、朝向和日照、季风风向、温湿度、周围环境的变化、有无电源或排水系统等。

③ 相关细节　如是否有防水措施，承重梁在何处，是否有建筑结构伸缩缝等。

图 8-1　圆形的阳台

图 8-2　方形的庭院

（2）了解业主的需求和目的

进行设计前必须了解业主的需求和目的，不同的需求会影响各元素的组合。如果是以园艺为主的庭院，会设计大面积的植物栽植；以透气乘凉为主的休闲式庭院，则会偏重制作木平台、摆放桌椅及考虑低维护性；若是为了风水，则庭院设计会强调水与树，也会注意尺寸与方位。不同的需求，会要求不同的硬件设备、植物种类，甚至整体设计，因此务必确认庭院的功能，尽量使设计一次到位。如以休闲为目的的庭院园，木作是必不可少的，如图 8-3 所示；以园艺为主的庭院，大面积的植物栽植必不可少，如图 8-4 所示。

（3）确定设计风格

常见的庭院设计风格有南洋风格、欧式风格、日式风格、中式风格等。南洋风格以棕榈科植物和鸡蛋花为主要表现植物；欧式风格以尖塔形树种和草本花卉为特色；日式风格以五针松、球形杜鹃等盆景式植物和循环流水为特色；中式风格注重回廊、小桥、木平台等建筑构造。在确定设计风格时，最好能与建筑外观和室内装潢相呼应，以营造统一的环境气氛。

图 8-3　以休闲为目的的庭院　　　　　　图 8-4　以园艺为主的庭院

8.2.2　整地、放样

（1）整地

由于庭院基地上可能杂草丛生，种有植物或设置不相干的物件，因此为了方便后续施工的进行，要先清空场地，然后进行整地。整地时还可调整土层的高低坡度。如果地面有构筑物，有时还需要往下开挖基础。

在整地时，原有较喜欢的且健康的植物可以保留。如果想更新土壤，则要对土壤进行分析，了解植物长不好或者死亡的原因；若要改善土质，则可以加入合适的有机肥或轻质介质，并翻耕 20 ～ 30cm 深，让基肥充分混入土壤。

（2）客土和使用目的

客土是指非原来环境的土壤，是从别处运来适合栽种植物的土壤。选择客土的主要原因是原有土壤土质不佳，不太适合栽种植物。有时为了庭院空间造景，设计有高低层次变化的地形，可能会遇到原有土壤不够用的问题，这时也需要客土。

选用客土时，要注意其是否曾遭受污染，同时要选择排水性好的客土。另外，也要注意客土的酸碱性，是否与将要栽种的植物相适应。

（3）放样

放样就是将庭院设计图依比例尺放大，并画在基地上。进行初步放样时，可以插木桩、竹竿或放石头来代表各元素的位置，或用石灰画在基地上；在硬地上也可以使用粉笔、喷漆或墨斗进行放样。放样能够体现各元素的位置关系，也方便工人了解各项元素的施工范围。在看初步放样时，可以根据个人感受进行弹性调整，确认整体配置合适后再进行施工，如图 8-5 所示。

图 8-5　放样

（4）素材的配置原则

在配置植物和其他装饰性素材时，通常会按大中小排成不等边三角形，其高度比例为，中是大的 2/3，小是中的 2/3。整体高度，由近到远依次按低→高→中顺序安排，可让景观看起来更有层次，也不会过于呆板。

（5）了解景观设计的空间感

如果想了解景观设计的空间感，不妨多了解平面设计、造景或插花等相关知识，从小范围来了解空间的主客从关系和颜色配置，在绿化种植上，常采用多层次种植原则，如图 8-6 所示。

图 8-6　植物多层次种植

8.2.3　水电管线

（1）测试原有排水效果

面对一个新的庭院基地，要先测试基地的排水效果，再来改善不足之处。首先找出原泄水坡的坡度和排水孔位置。如果基地已有排水孔，可以拉水管灌水看水是否很快流走，如果流得过慢，甚至积水，就要通排水管。接着在基地上直接浇水测试泄水坡的排水情况，检查是否有积水或者水流不畅之处，若有则需要对基地重新找坡，达到基本的排水效果。

（2）排水层设置

排水层主要设置在水泥或瓷砖、油漆等不透水的地面，多半在屋顶及阳台庭院施工时用到。排水层多用有孔洞、高2～3cm的排水板，能让水快速流到下水管，以保持土壤的排水性，并防止屋顶漏水的情况发生。

施工时，建议先上一层防水布（图8-7），再放排水板（图8-8），排水板上方再铺上能透水又能保土的无纺布（图8-9），使水能排出但又不会让土壤流失，最后再覆土。

图 8-7　上防水层

图 8-8　放排水板

（3）排水管设置

排水管是指能把基地中的水排出去的管线。一般户外庭院的排水管多用聚氯乙烯（PVC）塑料管材。另外，也可以在排水管上打很多洞，让整条水管都能透水，适合用在山坡地上。其缺点是植物的根系能伸进去，因此可在外面包一层无纺布补救，达到阻根和过滤砂石的效果。

整地时会设置引导水流走的泄水坡度，排水管就依靠基地的高程来铺设，分别依区域由高向低，向最近的排水孔铺设管线。

（4）排水孔的种类、位置、作用和施工注意事项

排水孔可分为底层排水孔和表层排水孔。底层排水孔接受正常情况向下渗透的水，可依排水方向设置窨井，通常会在窨井上加盖，防止异物堵塞排水管。如果土壤排水性不佳，就必须在土里埋设打有孔洞的排水管，才不会因排水不及时而造成淹水。表层排水孔则是在暴雨时发挥作用，有助于加快土壤表面的排水速度。排水孔四周需砌砖挡土，并留孔让水方便流入排水孔。

一般室内的排水孔都是平面的，在户外使用很容易因淤积泥沙、落叶而堵住排水孔。因此，户外的排水孔大多覆盖过滤网，如图 8-10 所示，就算有叶子积在排水孔周边，也不影响排水。有时为了美观，也会采用平面式排水孔，但会在表面铺上一些卵石以过滤大的杂物，或在四周加装塑胶水管保护，以免堵塞。

图 8-9　铺无纺布

图 8-10　排水孔覆盖过滤网

排水孔安装好之后，要用胶带、报纸、塑料薄膜等包扎起来，以免被后续工程带来的杂物堵塞，影响排水。

（5）电线的铺设和注意要点

铺设电线时，除了要配合灯具等电器的位置之外，通常都是先绕庭院外围铺设，到达需要的位置时再往中间拉。铺设时要注意避开乔木和灌木的预定栽种位置，以免植物根系和电线相互影响。

最好使用包覆效果好的电缆，并套入抗压性强的塑料管中。电线的接头要先缠防水胶布，再缠绝缘胶布，并用接线盒保护。

8.2.4　泥作工程

（1）泥作的施工次序

一般泥作常用于墙面、走道、基地等工程。进行泥作工程时，会有开挖、绑钢筋（图 8-11）、钉模板（图 8-12）、浇筑水泥（图 8-13）、砌筑（图 8-14）等工序。施工次序，通常是由上而下，先墙面，后走道。如果是在居家的阳台或者露台上施工，则多采用水泥砖等预制件，就不会有上述工序。

图 8-11　绑钢筋

图 8-12　钉模板

图 8-13　浇筑水泥

图 8-14　砌筑

（2）水泥的种类和质量好坏

庭院施工多使用普通水泥、马赛克拼贴，营造地中海风情时，则会用到白水泥。此外，水泥加入不同添加料则有不同功能，如可牢固粘贴瓷砖、地砖和石材的益胶泥。遇到可能下雨的天气，则可以使用快干水泥等。

可通过以下四点判断水泥质量的好坏。

① 看包装　看水泥的包装是否完好，标识是否完全。包装袋上的标识有工厂名称、生产许可证编号、水泥名称、注册商标、品种、标号、生产日期和编号。

② 捻水泥　用手指捻水泥粉，若有少许细、沙、粉的感觉，则表明水泥细度正常。

③ 看色泽　观察色泽是否为深灰色或者深绿色，色泽发黄、发白的水泥强度比较低。

④ 看时间　看清水泥的生产日期，超过有效期 30 天的水泥性能有所下降，存储3 个月后的水泥其强度下降 10% ～ 20%，6 个月后下降 15% ～ 40%。

（3）绑钢筋和灌水泥作业

绑钢筋和灌水泥是一体的作业，最常使用在建造景墙和垫高地坪时。施工时要注意水泥标号是否足够，水泥标号越高表示强度越强。另外，要注意钢筋规格及钢筋间距是否符合设计要求。若是地坪垫高的话，则钢筋要放在中间，而不是最底层。

（4）水泥砂浆砌砖

用水泥砂浆砌砖时，要注意水泥和砂的比例一般为 1 ∶ 3。此外，砖块要先浸水，让砖头吸饱水后，才不会吸走水泥中的水分。在砌砖的过程中，砖块一定要交叠，最基本的水平线和垂直线要拉直，才能砌出稳固的砖墙。

（5）常见的砖块种类

常见的砖块种类有空心砖、红砖、耐火砖、透水砖、水泥砖等。空心砖的用途很广，可以砌围篱、墙，或拿来垫盆栽。普通红砖多用于砌隔墙，砌好后还要进行粉刷。耐火砖具有耐高温、耐磨的特性，多用于烟囱、烧窑等。目前庭院中的花台、围篱也常用到耐火砖。透水砖和水泥砖常用来作为地砖。

8.2.5 木作工程

（1）木材的种类和木作的施工次序

木材可分为阔叶树种和针叶树种。阔叶树种包括铁木、柚木、缅甸红木等，通常要百年以上才能成材，因此价格较高。

针叶树种包括赤松、南方松、杉木、侧柏等。侧柏的价格较高，最便宜的赤松则防腐效果不佳。而南方松（图 8-15）生长快，只要 10 ～ 20 年就可以成材，因此南方松最常用，但其耐久性不佳，要进行防腐处理。

图 8-15 南方松木

在进行木作工程时，要由高处往低处进行施工，一般的次序为：遮阳棚→花架→木格栅→木栈道→座椅。

（2）木作工程的注意事项

首先，要注意木材的防腐等级，C1、C2级适合在室内使用，C3、C4、C5可用于户外，其中C5最具耐湿性。此外，木材厚度为2.5cm以上才会稳固，同时木材表面要打磨，以确保木油的保护效果。

施工时，注意木材之间要留0.5mm左右的缝隙，避免木材吸水膨胀后变形。此外，木材和铁件的配合也很重要，最好使用不会生锈的铁件，使用螺栓比钉子好，更加牢固且更换方便。

木栈道、木平台的结构看起来很简单，但要铺设好还是需要技术的，如条木的距离、螺丝的位置、木板的长度等细节，都需要有经验的人来计算，才能保证安全。当然，最好也要由专业人士来铺设，具体效果如图8-16所示。如果只是打造简便式的木平台，可以到建材市场购买防腐南方松木，用条木钉出骨架，然后把防腐木体条板钉在骨架上即可，如图8-17所示。

图8-16　铺设较好的木平台

图8-17　简便式木平台

（3）木作硬件的维护

在木作硬件完成后，建议涂上专用的护木油。虽然没有涂亮光漆的亮面效果，但维护较为方便，可以直接涂上，不像亮光漆那样需要把旧漆层全部磨掉后再上漆。护木油最好一年上一次，先用水将木材表面冲洗干净，或用砂纸进行砂光处理，以确保木材能完全吸收护木油，提高保护效果。

8.2.6 石材工程

（1）常见的石材种类

石材是建材也是装饰材，不但具有自然的质感而且外观多样，相较于木、竹或水泥等建材，石材的耐用性和坚硬度都更高，其沉稳的外观是其他建材所没有的，因此成为打造庭院的优选材料。

市面上常见的石材有花岗岩（图8-18、图8-19）、砂岩、锈石、文化石、青石等，除了以自然形态呈现外，也有经过加工制成的石块、石板或者石片。卵石、琉璃石等较小型的石材，大多被归为园艺材料。

图8-18 花岗岩和小卵石是常用的铺面材料

图8-19 芝麻白花岗岩荔枝面和芝麻黑花岗岩光面

（2）石材的形式、运用和固定

不同的石材有不同的应用方式，如自然形状的大型石材可摆在植物周围，作为景石。形状不规则的石片又称为乱石片，可用来拼贴、铺面或者叠砌花台等。石片的厚度通常较薄，多作为壁面素材；石板的厚度通常较厚，属于铺面素材，多作为庭院走道的材料。此外，材质和外观多样的卵石，也是常见的铺面素材。此外还有石桌、石椅、石灯、艺术造型石雕等成品，可作为景观重要配件。

在户外庭院中固定石材时，通常会使用石材专业黏结剂。用石块铺砌道路，可选择自然拼接（图 8-20）、乱拼（图 8-21）等形式。

图 8-20　自然拼接　　　　　　图 8-21　乱拼

（3）景石摆放的注意事项

摆放景石时，首先要注意牢固性，看起来不会有摇摇欲坠之感，不会让人产生随时可能被倒下的石头压到的恐惧感。因此，景石最好能部分埋入地下，深度约为石头总高度的 1/3。景石通常是以三块一组的方式摆放，最好使用同色系或同种类而形状大小不同的景石，能让景观看起来既协调又富有变化。

（4）石材外观维护

置于户外的石材，很容易受到风雨的侵袭。表面较粗糙的风化石、砂岩，经过加工的卵石，以及经过烧面处理的石材，都比较容易吸附色素和杂质而变脏。如果希望石材保持良好的外观，可以涂上泼水剂保护，但是看起来较不自然。另外，也可以选择较不容易脏的青石和花岗岩。有不少设计师则认为石材也是有生命的，让石材随着时光流逝而自然改变外观，也是一种美。

8.2.7 铺地工程

(1) 硬质铺地

通常原有的庭院基地可能是土壤裸露的地面，也可能是水泥等人工地面，在视觉上较不美观，因此在设计时应将地面也一并考虑。铺地通常使用的材料有原木、合成木、卵石、石板、石子、陶砖、瓷砖等。这些材料通常会混合搭配使用，以营造丰富感。

铺地工程虽然不复杂，但在景观设计中却是很重要的一环。因为铺地通常是庭院视觉部分，如能善用各种材质构思变化，在整体上就能轻易达到丰富多元的效果。

(2) 铺地的材质和施工次序

选择铺地材质时，除了要配合整体设计风格，还要注意实用性和使用习惯。例如，走道可用粗糙的烧面砖，这样不易滑到。容易弄脏的地方，最好选用瓷砖，不要用石材，以方便清洗。想要赤脚走入庭院，可采用木料，这样更容易产生亲近感。

用石材铺地时，最好先确认铺地的用途，如停车场、步道或活动平台等，再决定是否使用水泥作硬底，再铺上石材。施工时，要先定好高程，贴上饰条，再进行大面积铺地。

(3) 抿石子工法

将石料、水泥和杂料等按比例混合后，再加水搅拌均匀。涂抹之后，先用镘刀抹平，等稍干后再擦去表面水泥。类似的洗石子工法是用水柱喷。斩石子工法则是榔头敲，表面质感略有不同，但都能露出缤纷多彩的石子。另外，也可以预先弄好图案，再粘到墙面或者地面上。

石子的颜色可以自由选择，还有回收玻璃制成的琉璃石可供选择，样式更多。

(4) 草皮铺地的注意事项

铺设草皮首先要整平基地，同时调整好泄水坡度。铺设时，草皮要交错摆放，减少浇水时水流冲刷的可能，如图 8-22 所示。铺好后，先充分浇水，再利用木板等工具将草皮敲平或压实，如图 8-23 所示。刚铺好的那一周，要避免踩踏，以利于草皮生根。

(5) 检查铺地工程的质量

首先要检查铺地是否牢固，踩在上面不应有摇晃感，也不应有凹陷处，凹陷的平面不但有碍美观，也会影响行走的安全。另外，还要检查铺地的平整度，可浇水看是否会积水，积水处及低洼处，应进行填补。

图 8-22 草皮交错摆放　　　　　图 8-23 利用木板等工具将草皮压实

8.2.8 栽种工程

（1）植物的栽种次序

当硬质工程完成后，就可以开始栽种庭院的主角——植物了。植物的选择除了依据个人喜好之外，还要考虑是否适合花园环境、摆放位置和配置等细节，避免选到不合适的植物而前功尽弃。

先初步规划植物栽植的位置和植物种类。而栽种的次序主要看面积，要按照从大到小的次序来栽种，一般为：乔木→灌木→草本植物→地被、草皮。

（2）植物配置的原则和栽种密度

最重要的原则是适地适树。配置时，要注意植物的日照需求、耐旱度、需水量等是否一致。例如，蕨类植物和沙漠植物若摆在一起，就很难同时兼顾两者的需水量和日照。

最好将常绿植物、落叶植物和开花植物相搭配，开花植物的花朵颜色都要互相搭配，让庭院四季有不同的景色变化。

在决定植物栽种密度之前，要先了解各种植物的生长特点，如生长速度较快的植物，彼此的间距要大一点；若是想有茂盛的感觉，那么间距就可以小一点。绿篱底部的预留空间大小决定其未来生长大小，如图 8-24 所示。对于种在花坛里的草本花卉，株高 20cm 以下的株距为 15 ～ 25cm，株高 30cm 左右的株距为 25 ～ 30cm，株高 40cm 以下的株距为 35 ～ 60cm。

图 8-24　绿篱底部预留空间

（3）多年生和一年生草本花卉搭配原则

由于草本花卉多为一年生植物，生长期往往只有几个月，需要常常更换，因此要种在容易更换的位置。在配置时，可以多年生植物为中心或背景，草本花卉为前景，除了注意颜色搭配外，也可以将不同颜色的草本花卉依区块或图案群植，让视觉效果更为强烈。

（4）树木栽植的注意事项

栽树时，首先要在栽种位置挖出直径约为土球直径 1.5 倍的栽植穴，深度要依土球的高度而定。将挖出的土壤弄松后，先回填一半，再放入树木，土球一般与土面平齐。对土壤透水性要求高的树种，土球要高于土面；对土壤保水性要求高的则略低于土面。

接着，调整树木的位置，一边填土至 8 分满后，边浇水边踩实，让土和土球充分结合，最后全部回填，覆盖露出的土球。如果是排水较差的黏质土壤，可以在根部设置约 1m 长的透气管，提高导水和排水的效率。设置后要向管内灌水，以增加树木的存活率。同时，要用支架固定树木，以防强风吹倒或根系摇动，影响生长。

（5）适合作为绿篱、花坛和铺地的植物

绿篱应挑选分枝多，枝叶茂盛、容易修剪成形的植物，如九里香、假连翘、桂花等。接着按植物的特征，如是否要有香味、开什么颜色的花等，来进一步筛选。另外，也可以依高度来选择，60cm 左右的绿篱，可选择九里香、女贞、胡椒木、杜鹃等；150cm 以上的绿篱，可选择罗汉松、垂叶榕、竹类、龙柏等。这些都是景观设计常用的植物，好成活也易造型。

花坛里通常会种植色彩鲜艳抢眼的植物，因此草本花卉成了最佳的选择。由于草本花卉的生长周期较短，如果希望花坛鲜花能维持较长的时间，减少更换草本花卉的频率，则可以选择花期长且易管理的草本花卉，如马齿苋、一串红、香雪球、三色堇、长春花、鸡冠花、彩叶草（图 8-25）、石竹、银叶菊、非洲凤仙、黄帝菊等。

铺地植物应挑选耐修剪、生长性强、不会长高或具匍匐性的地被植物，如玉龙草（图 8-26）、蟛蜞菊、细叶雪茄花、铺地柏、沿阶草、薜荔等。

图 8-25　彩叶草

图 8-26　玉龙草

8.2.9　喷灌、照明工程

（1）自动浇水系统和注意事项

一般来说，当植物生长稳定、根部深扎入土之后，就不需要自动浇水系统了。但如果处于高温少雨的环境，或是常常出门不在家无法浇水，就有必要装设自动浇水系统，如图 8-27 所示。针对小面积的阳台，有直接装在水龙头上的自动浇水器，可依设定进行定时、定量浇水。若是大面积的花园，则可以使用配备高压喷头的自动浇水系统。

自动浇水系统首先要保证水质纯净，以免喷头被堵塞，影响水泵运转。同时要注意供水的水压是否足够，喷头越多或是引线越远，水压就要越大。另外要装设雨水传感器，避免下雨天还继续浇水。还要注意实际浇水的均匀度，确认浇水是否涵盖了植物栽种的范围，若有死角，就要调整喷头位置或人工浇水。

（2）照明灯的种类和功能

庭院中常使用的照明灯有照亮地面的落地灯、有引路功能的矮灯、突显主树的投射灯、嵌在建筑物中的嵌灯、营造气氛的壁灯等。它们除了照明之外，也为夜晚庭院带来丰富多彩的光影，展现另一种美。庭院照明灯常采用不锈钢、铝合金、铸铁等材料，如图 8-28 所示。

图 8-27　自动浇水系统

图 8-28　庭院照明灯

（3）太阳能照明

太阳能照明灯白天以太阳光作为能源，利用太阳能给蓄电池充电，晚间以蓄电池作为电源给节能灯提供能量，使照明灯工作。现在市场上小功率的太阳能庭院灯、草坪灯非常有特色，很有竞争力，特别是配套发光二极管的草坪灯很别致，太阳能电池板面积小，对景观无负面影响，有很好的前景。

（4）照明工程的注意事项

由于户外灯具经常遭受风吹雨淋，因此要选择防风及防水的灯具，电线接头也要妥善处理，以免发生漏电。此外，要注意电力负荷是否太大，若经常跳闸，则说明用电负荷太大，应妥善解决。

8.2.10　水池工程

（1）生态水池的施工

水是庭院的灵魂，特别是流动的水更能让庭院活络起来。无论是小型的水缸、大型的喷泉，还是占地甚广的生态水池，都能让庭院的变化更多样，也让整体生动不少。

生态水池，过去常常是指施工中不用水泥或砖头"封死"水池底部或打造池壁的水池。而现在通常是指水池中的水可以合理地渗透到池边土壤，让周围的生物可以共享水源的水池，如图8-29所示。

图8-29　生态水池

打造生态水池时，最好能够考虑池水的分享问题，即假设水池里有10t水，最好一天能有1t水流到池边的土壤中，让生态系统活络起来。水池底和池壁使用漏水速度较慢的黏土，就能达到这种效果。以深1m的水池来说，50cm以下的壁面和底部要铺防水布，50cm以上的壁面则为黏土。此外，铺防水布的壁面也要堆上黏土并压实，这样防水布不易产生破洞。

（2）自制简易水池

如果庭院空间不大，但又想要有水的小景观，也可自制简易水池。可以用空心砖、木料或其他喜欢的材料叠砌水池，水池内部铺上防水布，加入水，栽上植物；或直接购买陶缸或不锈钢水槽，再用植物或石头装饰其外表面。

（3）水池栽种植物的注意事项

水生植物可以分为整株漂浮在水中的漂浮型植物，以及沉水型、浮叶型、挺水型、湿生型等根固定于土壤中的植物。除了沉水型植物之外，其他水生植物都具有观赏价值。

在水池中栽种植物时，要避免其生长过于旺盛，造成水质变差。除了要清除枯叶之外，藻类也要定期清除，才不会影响水泵的运转和水生植物的生长。如果有根系较长的植物，就要定期修剪根部。

想在水池里养鱼的话，最好养小型鱼，因为大型鱼会吃水生植物。此外，在水池底部的土壤上方摆放小石头，就能避免鱼扰动泥土，水变浑浊。

（4）设计流动的活水

想要模仿自然界的流动活水，可以利用地势的高低营造出流水的效果，可以有急流，也可以有平潭。急流的冲击力大一些，可以增加水中含氧量。如果空间允许，可以在高处和低处各设一座水池，水流到低处时再用水泵抽到高处。这样水就可以不断循环。

（5）净水池

为了保持水体干净清澈，最好能设计净水池。由于部分水生植物具有吸收和分解污染物的功能，因此可以在净水池中种植这类植物，不仅能净化水质，还具有观赏价值。可以帮助净化水质的水生植物有：穗状狐尾藻、蕹菜、凤眼莲、鸭跖草、长苞香蒲、香蒲、荸荠、芦苇等。

（6）水景装置的注意事项

要控制喷泉、瀑布的飞溅程度，不要溅到植物，否则影响其生长；也不要溅湿行走路面，以免滑倒。同时，电线的防水要做好，以免漏电。水要过滤才不会影响水泵运转。

8.2.11　景观与维护管理

（1）庭院的后续管理

庭院施工完成后的维护管理工作包括浇水、施肥、病虫害处理和修剪等，可以请专业人士进行定期维护管理。如果想自己动手，除了最基本的浇水工作外，还有几项重点工作：杂草一定要拔除；注意植物的叶子是否健康，有些害虫会藏在叶子的背面，要及时清除；有些植物可以采用冲水的方式除去小害虫。同时，要定期清理排水孔，以免因堵塞而影响排水。另外，草皮维护难度较大，要经常保持翠绿的话，最好请专业人士修剪。

（2）庭院刚完成的注意事项

庭院刚完成时，移植过来的植物根系尚未深扎，生长势尚弱，应特别留意缺水状况，需勤浇水，且不能马上施肥，否则可能灼伤脆弱的根部，至少要等一个月之后再施肥。另外，刚种好的草皮在压实之后，最好一周内不要踩踏，以利于其生长。移植的大树，一般要搭架固定一年，切勿为了美观而将其拆除。同时大树周围要保留土穴，让水可以流进根部。

（3）修剪植物的最佳时机

通常修剪植物都是在植物的花季过后进行，完成后追加肥料。最不适合修剪的时机就是梅雨季节和植物开花前。在梅雨季节修剪，容易造成菌类滋生；在开花前修剪，则会影响下一季的开花。例如，杜鹃九月过后就不能修剪，否则来年无花。

此外，笔筒树等植物，修剪叶子即可。修剪之后，可以在植物的切口涂上伤口愈合剂，以防被病菌侵染。

（4）浇水原则

给植物浇水必须依据植物种类和季节调整浇水原则，即便装有自动喷灌系统，也需要检查是否有浇不到水的死角。浇水最基本的原则就是要了解植物的需水性和庭院的日照情况，随时调整浇水量，让植物蓬勃生长。

（5）更换植物的最佳时机

常绿树种在早春发芽前，尤其是春雨期移植最佳，因为此时正在积蓄养分发芽，移植后可以迅速恢复生长。枫树、樱花等落叶树种，最好在叶子落尽的休眠期移植，但要注意避开严寒时节。针叶树适合在三四月及九十月移植。

8.2.12　绿色节能技术

（1）绿墙、绿屋顶

随着节省能源意识的加强，不少景观设计公司在设计庭院时，也会更多地考虑节能、水循环等可重复使用的概念，并针对传统景观设计较少着墨的墙面和屋顶空间，采用可降温又特殊的绿色技术。

绿墙是一种把墙面当庭院的概念。最常见也最简单的方法就是种植悬垂和攀缘植物，如薜荔、爬山虎、紫藤、使君子等，让它们自然攀附在墙面上，攀爬成片后能明显帮建筑物降温，多用于西晒的墙面。

在都市的建筑物外面，常运用植生墙来美化墙面。植生墙是指将植物一盆盆种在立体花架上，可利用各种颜色的植物组合出不同的花样，看起来相对活泼多变。植生墙常用草本植物和小型灌木。这类的植生墙需要设置完善的给排水系统。

广义的绿屋顶，泛指在屋顶进行绿化以达到隔热降温、净化空气等目的。绿屋顶可分为覆土式的空中庭院、盆栽式的屋顶花园和薄层式绿屋顶。前两者的施工和维护较复杂。薄层式绿屋顶是最简易的方式，一般使用秧苗盘种植耐热耐旱的景天科、马齿苋科、鸭跖草科、百合科等植物，并平铺在排水层和过滤层上。

（2）节水措施

最常见的措施就是收集洗菜、洗米等不含清洁剂的水来浇花。庭院中若有水池，则可以将欲更换的旧水拿来浇花。也可以设置雨水收集系统，利用雨水来浇花。

8.3 案例赏析——福州融汇山水别墅区庭院景观

福州融汇山水别墅区位于乌龙江畔大学城，北邻成熟的别墅生活区，西接上街大学新区，与著名的百年老校福州一中相伴，南面金山大道为福州展览城，东拥乌龙江千米江岸线。别墅环境绿化包含私人庭院和公共部位绿化，两者相互补充，缺一不可。公共部位绿化和私人庭院绿化，使整个社区形成和谐统一的生态优良环境。

行道树以主干道、次干道组团进行划分，一条干道以两种树种为主，形成各组团之间不同的景观和意境，在增强识别性的同时构成树种的多样性。如主干道以香樟和糖胶树为主，搭配间植红花羊蹄甲和山杜英（图 8-30）。

宅间绿化节点指别墅建筑分布集中，两排别墅间有车行道通过，单靠行道树绿化造成建筑周围林冠线不够丰富，要在其中补植树形优美的大树。如秋枫、香樟、假苹婆、广玉兰等，形成优美的立面轮廓和居住环境。公共绿地区域的景观水体绿化使环境更加活泼和灵动，水边适合种植垂柳、迎春、龙爪槐、鸡蛋花、鸡冠刺桐、小叶榄仁等。驳岸搭配天然置石，自然有趣，石岸线条流畅，气氛活泼（图 8-31、图 8-32）。

图 8-30　小区行道树

图 8-31　小区宅间绿化节点 1

图 8-32　小区宅间绿化节点 2

8.4　任务提出

图 8-33 为某高校图书馆中庭绿化设计范围，请为该中庭进行植物种植设计。

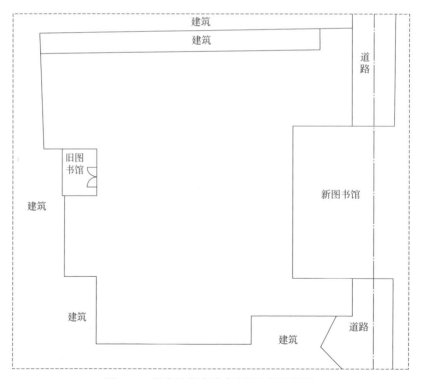

图 8-33　某高校图书馆中庭绿化设计范围

（1）项目概况

本项目为某高校图书馆中庭景观绿化。

该区域面积 620m²，主体建筑为图书馆，是整个校园最大的图书文化交流中心。该处学生人流量较大，同时也是新旧图书馆主要的交通纽带。要求打造景色优美、交通便利的环境。

（2）植物种植设计任务

结合整个场地周边环境，分析环境对师生学习、生活和交流的意义，以景观生态学的理论为指导，充分发挥绿地校园环境的改善作用，设计优化人工植物群落，运用植物的各种形态、形式，最大限度地增加绿量，提高生态效益，改善环境质量。

8.5 任务分析

从该中庭平面图中获取图纸相关信息，包括自然因素、土壤条件、视觉质量等；认真分析周围环境和功能分区，充分考虑各个分区的地形、园林特点、环境等因素，确定区段内的植物种植形式、类型、大小等内容，包括确定种植范围、植物类型，分析植物组合效果，选择植物色彩和质感等。考虑如何进行植物种植平面规划、植物种植立面组合以及植物总平面图单体、群体植物如何布置等问题。

8.6 任务实施范例

扫描二维码阅读任务实施范例。

8.7 评分标准

评分标准如表 8-1 所示。

表 8-1　评分标准

序号	项目与技术要求	配分	检测标准	实训记录	得分
1	植物选择合理性	40	是否满足生态学特性以及生态与观赏效应的需要（如适地适树、主要树种比例、根据功能选择树种等）		
2	造景效果	30	在园林空间艺术表现中是否具有明显的景观特色，是否体现了园林特色和地方特色等方面		
3	效果图表现	20	色彩关系是否协调，明暗关系是否恰当，质感表现是否到位，图样表达是否整洁美观等		
4	制图规范	10	尺寸、文字标注是否准确，是否符合规范，相关说明是否到位等		

8.8　思考与练习

① 庭院绿化中的排水形式有哪些，施工步骤是怎样的？

② 如何选择庭院绿化的植物材料？

③ 庭院绿化的设计流程是怎样的？在设计中要注意哪些问题？

第9章

道路绿地植物种植设计

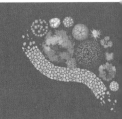

　　道路绿化是指在街道两旁、道路分车带、人行步道、交通环岛等内部种植乔木、绿篱、花卉等绿化植物。道路绿化是城市的基础设施之一，它反映一个城市的整体管理水平。城市道路绿化可以把城市中分散的点状和面状绿化连接起来，起到城市绿化系统的纽带作用，可以形成完整的城市绿地系统。道路绿化不仅可以使城市变得郁郁葱葱、满目生机、整齐美观、景色宜人，还可以净化空气、减少噪声、调节气候。因此，道路绿化在整个城市绿化中占有极其重要的地位。

9.1　学习目标

9.1.1　知识目标

　　① 了解道路绿地的类型。
　　② 掌握道路绿地园林植物种植设计的要求。
　　③ 了解道路绿地植物的规格要求，掌握植物配置表、苗木统计表的内容和排列顺序。

9.1.2　技能目标

　　① 具有合理选择搭配道路绿地园林植物的能力。
　　② 能识读并按规范绘制道路绿地园林植物种植设计图和植物种植设计施工图，具备道路园林植物种植设计的能力。

9.2　相关知识

9.2.1　道路绿地相关术语

　　（1）红线
　　在城市规划建设图纸上划分出的建筑用地与道路用地的界线，常以红色线条表示，故称红线。红线是街面或建筑范围的法定分界线，是线路划分的重要依据。

（2）道路分级

道路分级的主要依据是道路的位置、作用和性质，是决定道路宽度和线型设计的主要指标。目前我国城市道路大都按三级划分：主干道（全市性干道）、次干道（区域性干道）、支路（居住区或街坊道路）。

（3）道路总宽度

道路总宽度也叫路幅宽度，即规划建筑线（建筑红线）之间的宽度，是道路用地范围，包括横断面各组成部分用地的总称。

（4）分车带

车行道上纵向分隔行驶车辆的设施，用以限定行车速度和车辆分行。常高出路面10cm以上。也有的在路面上漆涂纵向白色标线以分隔行驶车辆，称为"分车线"。三块板道断面有两条分车带，两块板道断面有一条分车带。

（5）交通岛

交通岛分为中心岛、安全岛和立体交叉绿岛三种。

① 中心岛　为利于管理交通而设于路面上的一种岛状设施。一般用混凝土或砖石围砌，高出路面10cm以上，设置在交叉路口中心引导行车，如图9-1所示。

图9-1　中心岛

② 安全岛　安全岛是在宽阔街道中的供行人避车之处，如图9-2所示。

③ 立体交叉绿岛　互通式立体交叉干道与匝道围合的绿化用地。

（6）道路绿带

道路绿带是道路红线范围内的带状绿地，道路绿带分为分车绿带、行道树绿带和路侧绿带。

图 9-2　安全岛

① 分车绿带　车行道之间可以绿化的分隔带，位于上下行机动车道之间的为中间分车绿带；位于机动车道与非机动车道之间或同方向机动车道之间的为两侧分车绿带。如三块板道路断面有两条分车绿带，两块板道路上只有一条分车绿带，又称中央分车绿带。分车绿带有组织交通、夜间行车遮光的作用。

② 行道树绿带　又称人行道绿化带、步道绿化带，是车行道与人行道之间的绿化带，以种植行道树为主。人行道如果宽 2～6m，就可以种植乔木、灌木、绿篱等。行道树是绿化带最简单的形式，按一定距离沿车行道成行栽植。

③ 路侧绿带　在道路侧方，布设在人行道边缘至道路红线之间的绿带。

以上道路绿地名称示意如图 9-3 所示。

9.2.2　道路断面布置形式

常用的城市道路绿地断面布置形式有：一板二带式、二板三带式、三板四带式、四板五带式及其他形式。

（1）一板二带式（1 条车行道，2 条绿带）

这是道路绿地中最常用的一种形式。在车行道两侧人行道分割线上种植行道树，简单整齐，用地经济，管理方便。但当车行道过宽时行道树的遮阴效果较差，不利于机动车辆与非机动车辆混合行驶时的交通管理，如图 9-4 所示。

（2）二板三带式（2 条车行道，3 条绿带）

在分隔单向行驶的 2 条车行道中间进行绿化，并在道路两侧布置行道树构成二板三带式绿带。这种形式适用于宽阔道路，绿带数量较大，生态效益较显著，多用于高速公路和入城道路，如图 9-5 所示。

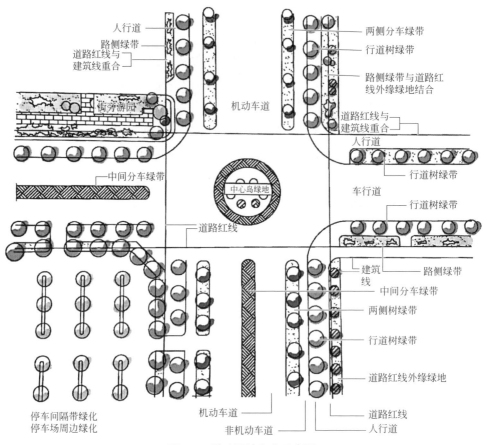

人行道
路侧绿带
道路红线与
建筑线重合

街旁游园

机动车道

中间分车绿带

道路红线

中心岛绿地

两侧分车绿带

行道树绿带

路侧绿带与道路红
线外缘绿地结合

道路红线与
建筑线重合
人行道

行道树绿带

车行道

行道树绿带

建筑
线

路侧绿带

中间分车绿带

两侧树绿带

行道树绿带

道路红线外缘绿地

道路红线

人行道

停车间隔带绿化
停车场周边绿化

机动车道

非机动车道

图 9-3　道路绿地名称示意图

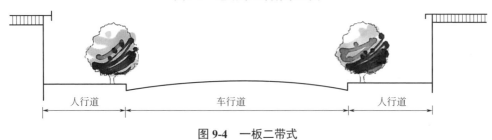

人行道　　　车行道　　　人行道

图 9-4　一板二带式

人行道　　车行道　　　车行道　　人行道

图 9-5　二板三带式

（3）三板四带式（3条车行道，4条绿带）

利用两条分隔带把车行道分成三块，中间为机动车道，两侧为非机动车道，连同车道两侧的行道树共为4条绿带。虽然占地面积大，却是城市道路绿地较理想的形式。其绿化量大，夏季蔽荫效果较好，组织交通方便，安全可靠，解决了各种车辆混合互相干扰的矛盾，如图9-6所示。

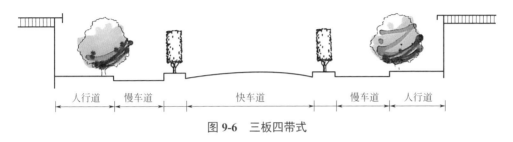

人行道　慢车道　　　快车道　　　慢车道　人行道

图9-6　三板四带式

（4）四板五带式——4条车行道，5条绿带

利用5条绿化分隔带将车道分为4条，以便各种车辆上行、下行互不干扰，利于限定车速和交通安全。如果道路面积不宜布置五条分车绿带，则可用栏杆分隔，以节约用地，如图9-7所示。

图9-7　四板五带式

9.2.3　道路绿地规划设计

9.2.3.1　道路绿地组成

道路绿地由人行道绿化带、防护绿带、分车绿带、街头休息绿地、绿化停车场、交通岛绿地、立体交叉路口的绿地等组成。

9.2.3.2　道路绿地率

我国城市规划有关标准规定：

①园林景观路绿地率不得小于40%；

②红线宽度大于50m的道路，绿地率不得小于30%；

③红线宽度为40～50m的道路，绿地率不得小于25%；

④ 红线宽度小于 40m 的道路，绿地率不得小于 20%。

9.2.3.3 行道树的种植规划

（1）行道树种植形式

① 树带式　在人行道和车行道之间留出一条连续的、不加铺装的种植带，为树带式种植形式。

② 树池式　在交通量比较大，行人多而人行道又狭窄的街道上，行道树宜采用树池式的种植方式。

（2）行道树的树种选择

① 城市道路绿化面貌如何，主要取决于选择什么样的树种。有很多城市将市树定为主要的行道树种。

② 能适应当地生长环境，移植时易成活，生长迅速而健壮的树种（多采用乡土树种）。

③ 要求树干挺拔、树形端正、体形优美、树冠冠幅大、枝叶茂密、遮阴效果好的树种。

④ 要求树种为深根性的、无刺、花果无毒、无臭味、落果少、无飞毛、少根蘖的树种。

⑤ 要求树种为早发芽、展叶，晚落叶而落叶期整齐的树种。

⑥ 要求管理粗放，对土壤、水分、肥料要求不高，耐修剪、病虫害少的抗性强的树种。

9.2.3.4 分车带绿地

在道路上设立分车带的目的是将人流与车流分开，机动车辆与非机动车辆分开，保证不同速度的车辆能全速前进、安全行驶。

分车带的宽度依行车道的性质和街道总宽度而定，高速公路上的分隔带宽度可达 5 ～ 20m，一般也要 4 ～ 5m，市区交通干道宽一般不低于 1.5m。

9.2.3.5 安全视距

为了保证行车安全，在进入道路的交叉口时，必须在路转角空出一定的距离，使司机在这段距离内能看到对面开来的车辆，并有充分的刹车和停车的时间而不至于撞车。这种从发觉对方车辆立即刹车而刚够停车的距离，就称为"安全视距"。

根据两相交道路的安全视距，可在道路交叉口平面图上绘出一个三角形，称为"视距三角形"，如图 9-8 所示。在此三角形内不能有建筑物、构筑物、树木等遮挡司机视线的地面物。在布置植物时其高度不得超过 0.70m，或者在此范围内不要布置任何植物。视距的大小随着道路允许的行驶速度、道路的坡度、路面质量情况而定，一般为 30～35m。

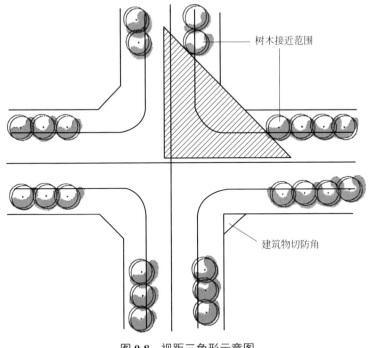

图 9-8　视距三角形示意图

9.3　案例赏析——龙岩大道

龙岩大道是龙岩市中心城区的主干道之一，线路规划纵贯城市南北，规划全长约22km。北接龙岩高速北出口，南至东肖后田村（图 9-9）。

龙岩大道中分带绿地采用组团式种植，采用平均间隔 50m 的规律点状分布方式，植物选择乡土树种香樟，结合山茶花、小桂花、鸡蛋花、苏铁、艳山姜等组合，同时局部点缀华安石。原有的草皮位置适当增加 20cm 厚的覆土，营造出微地形。在已有的黄杨和草皮之间增加种植 50cm 宽的红龙草，同时增加葱兰和时令花卉（图 9-10），间隔种植 3 株扶桑球和海桐球。中分带端头运用鸡蛋花、山樱花、龙舌兰、锦绣杜鹃等植物进行组合搭配，并适当点缀景石，形成层次丰富、具有特色的植物节点景观（图 9-11）。

侧分带绿地采用组团式种植，在 2 棵大叶榕之间种植 1 株桂花，同时结合叶子花、山樱花、山茶花、鸡蛋花、翅荚决明、木芙蓉、鸡冠刺桐等形成植物群落组合，利用开花植物形成的暖色调来营造迎宾道路的热闹氛围。侧分带地被以麦冬、吉祥草、龙船花等为基础，按照一定距离增加种植黄花槐、鸡蛋花、苏铁、艳山姜的植物组合。

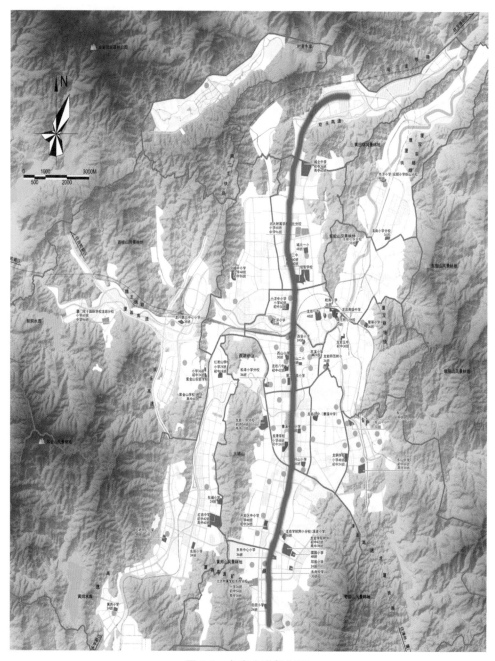

图 9-9　龙岩大道规划图

图 9-10　龙岩大道时令花卉

图 9-11　龙岩大道中分带绿地

城市交通绿岛既是城市线性景观中的节点景观，也是城市中重要的标志性景观。因此，交通岛绿化应与整条道路的风格相协调统一，同时又要以局部的精心布置来形成整体绿化中的亮点。龙岩大道采用通透式栽植，采用大香樟、大榕树等树形高大且冠幅饱满的大乔木以达到遮阴、点景的效果；同时，搭配观花、观叶植物以及景石、桩景等进行点缀，形成观赏性强的组合植物景观，如图 9-12 所示。

图 9-12　龙岩大道交通岛绿地

9.4　任务提出

图 9-13 为晋江市龙狮路（龙湖段）绿化工程设计范围（本案例由厦门上园景观建筑规划设计有限公司提供），请为该路段进行街道植物种植设计。

（1）项目概况

龙狮路（龙湖段）工程全长 9.22km（含石狮段），全线公路设计时速 60km/h，采用二级公路兼城市道路功能标准，双向六车道，水泥混凝土路面。

（2）植物种植设计任务

龙狮路是英林镇、龙湖镇与石狮市之间最便捷的通道。该道路建设需要结合场地现状以及周围环境，解决周边绿化量较低，海风较大的问题。绿地设计面积约 7.7 万平方米，设计范围是中分带绿地、侧分带绿地和人行道绿地。

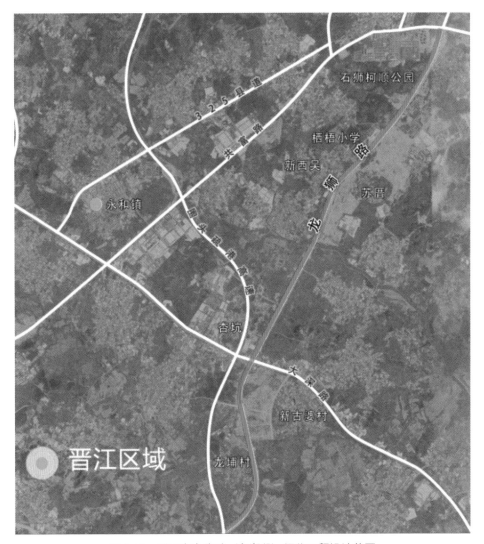

图 9-13　晋江市龙狮路（龙湖段）绿化工程设计范围

9.5　任务实施范例

扫描二维码阅读任务实施范例。

9.6 评分标准

评分标准如表 9-1 所示。

表 9-1 评分标准

序号	项目与技术要求	配分	检测标准	实训记录	得分
1	植物选择合理性	40	是否满足生态学特性以及生态与观赏效应的需要（如适地适树、主要树种比例、根据功能选择树种等）		
2	造景效果	30	在园林空间艺术表现中是否具有明显的景观特色，是否体现园林特色和地方特色等方面		
3	效果图表现	20	色彩关系是否协调，明暗关系是否恰当，质感表现是否到位，图样表达是否整洁美观等		
4	制图规范	10	尺寸、文字标注是否准确，是否符合规范，相关说明是否到位等		

9.7 思考与练习

① 城市道路绿化植物的选择有哪些注意事项？

② 什么是道路绿地率？我国城市规划有关道路绿地率的标准规定有哪些？

③ 道路断面布置形式有哪些？各种形式有什么特点？

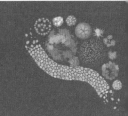

第 10 章

居住区绿地植物种植设计

居住区绿地包括公共绿地、宅旁绿地、配套公用建筑所属绿地和道路绿地等。居住区公共绿地是居民公共使用的绿地，其功能与城市公园不完全相同，主要服务于小区居民的休闲、交往和娱乐等，有利于居民心理、生理的健康。居住区公共绿地集中反映了小区绿地质量水平，一般要求有较高的设计水平和一定的艺术效果，是居住区绿化的重点地带。

公共绿地以植物材料为主，与自然地形、山水和建筑小品等构成不同功能、变化丰富的空间，为居民提供各具特色的场所。居住区公共绿地应位置适中，靠近小区主路，适合各年龄段的居民使用；应根据居住区不同的规划组织、结构、类型布置，常与老人、青少年及儿童活动场地相结合。

10.1　学习目标

10.1.1　知识目标

① 了解居住区绿地的类型。
② 熟悉居住区绿地不同类型植物种植设计的要点。

10.1.2　技能目标

① 能辨别常绿、落叶、针叶、阔叶、乔木、灌木在平面表现上的区别，具有合理选择居住区绿地植物的能力。
② 能识读并按规范绘制居住区园林植物种植设计图和植物施工图，具备园林植物种植设计的能力。

10.2 相关知识

居住区是人类生存和发展的主要场所，人的一生大部分时间是在自己居住的小区中度过的，小区环境质量的高低对人的身心健康有很大的影响。而且，小区作为城市环境的组成部分，其环境状况直接影响城市的面貌。能否做好小区的植物景观规划设计，直接关系到小区环境的优劣。

居住区绿地是城市绿地系统的重要组成部分。一般城市中的生活居住用地约占城市用地的 50% ～ 60%，而居住区用地又占生活居住用地的 45% ～ 55%。居住区绿地是伴随着现代化城市的建设而产生的一种新型绿地，它最贴近生活、贴近居民，也最能体现"以人为本"的设计理念。

植物是居住区绿地建设的主体，居住区的生态环境需要绿色植物的平衡和调节。树木的高低，树冠的大小，树形的姿态和色彩的四季变换，使没有生命的住宅建筑富有浓厚、亲切的生活气息，使居住环境具有丰富的变化。因此，植物的自然美、生态美成为居住区环境的绿色主调，植物景观成为居住区环境景观的重要组成部分。

居住区绿地的主要功能表现在使用功能、生态功能和景观功能 3 个方面。

① 使用功能：是指具有可活动性，如可进行游戏、运动、散步、健身、休闲等。

② 生态功能：是指具有平衡生态、调节气候的作用，如住宅区小气候的形成（包括降温、增湿、挡风等）、环境污染的防治与空气质量的改善、水土保持等。

③ 景观功能：包括可观赏性与美化环境作用。

10.2.1 居住区绿化的指标

居住区绿地是城市绿地系统的一部分，其指标也是城市绿化指标的一部分。因此，居住区绿地指标也反映了城市绿化水平。随着城市建设的发展，绿化事业逐渐受到重视。居住区绿地也相应受到关注，绿地指标也不断提高。

居住区绿地应根据小区规模及不同规划组织、结构、类型设置相应的中心公共绿地，并尽可能与公共活动场所和商业中心相结合。这样，既可方便居民日常游憩活动需要，又有利于创造小区内大小结合、层次丰富的公共活动空间，可取得较好的空间环境效果。

一些发达国家居住区绿地指标较高，一般在人均 $3m^2$ 以上，日本要求 $4m^2$。我国《城市居住区规划设计标准》（GB 50180—2018）提出，居住区内公共绿地的总指标，应根据居住区不同类别分别达到：十五分钟生活居住区，人均公共绿地面积不低于 $2.0m^2/$人（不含十分钟生活圈及以下居住区的公共绿化指标），十分钟生活居住区，人

均公共绿地面积不低于 1.0m²/ 人（不含五分钟生活圈及以下居住区的公共绿化指标），
五分钟生活居住区，人均公共绿地面积不低于 1.0m²/ 人（不含居住街坊的公共绿化指
标），当旧区改建确实无法满足以上的规定时，可采取多点分布以及立体绿化等方式
改善居住环境，但人均公共绿地面积不应低于相应控制指标的 70%。

建设部提出的《绿色生态住宅小区的建设要点和技术导则》中还规定了几项指
标：植物配置的丰实度，每 100m² 的绿地要有 3 株以上乔木；立体或复层种植群落
占绿地面积 ≥ 20%；三北地区木本植物种类 ≥ 40 种；华中、华东地区木本植物种类
≥ 50 种；华南西南地区木本植物种类要 ≥ 60 种。这几项要求，就是为了保证植物种
类的多样性。

10.2.2 居住区绿地植物造景的原则

（1）生态性原则

居住小区的生态型绿地不仅是有空地种草、有空间栽树的简单绿化过程，而是真
正从生态的角度来进行植物种类的选择与搭配。居住区植物造景应把生态效益放在第
一位，以生态学理论为指导，以改善和维持小区生态平衡为宗旨，从而提高居民小区
的环境质量，维护与保护城市的生态平衡。

居住小区的植物景观应采用自然植物群落景观，表现植物的层次、色彩、疏密和
季相变化等，形成以生态效益为主导的生态园林，根据不同植物的生态学特点和生物
学特性，科学配置，使单位空间绿量最大化。

首先，强化物种的多样性，形成完整的群落。物种多样性是促进绿地自然化的基
础，也是提高绿地生态系统功能的前提。应掌握地带性群落的种类组成、结构特点和
演替规律，合理选择耐阴植物，充分开发利用绿地空间资源，丰富林下植被，改变单
一物种密植的做法，可形成稳定而优美的居住区自然景观。小区造景不能单靠大面积
的草坪绿化来增加社区的绿化率，从改善空气质量方面来说，应强调"以乔木为主，
乔木、灌木、草坪相结合，立体绿化"的原则。

其次，选择植物种类时考虑环境特点，强调其适应性。居住小区内植物规划设计
要求结构多层次化，树种应保持多样性，搭配科学合理。如建筑楼群的相对密集，常
使植物栽植地光照不足，这种情况下，楼群的南面尽量选择阳性树种，楼群的背阴面
应尽量选择耐阴树种；地下管线较多的地方，应选择浅根性树种，或干脆栽植草坪；
在建筑垃圾多、土质较差的地方，应选择生长较粗放、耐瘠薄、易成活的树种。

（2）美观性原则

绿化与美化相结合。树木的高低、树冠的大小、树形的姿态与色彩的季相变化，
都能使居住环境具有丰富的变化，增加绿化层次，加大空间感，打破建筑线条的平
直、单调的感觉，使整个居住区显得生动活泼、轮廓线丰富。同时，居住区通过植物

景观，还能使各个建筑单体联合为一个完整的布局。

充分发挥园林植物的美化功能，利用植物大小、花期、花色的不同，使用孤植、丛植、群植、垂直绿化、花坛、花境等不同的配置方式，形成三季有花、四季常绿，并能体现本地特色的优美园林景观。

（3）功能性原则

居民区绿地是居民业余户外活动的主要场所，要留有一定面积的居民活动场地。我国居民的业余户外活动主要是体育锻炼。根据居住小区的总体规划，除主干道两边的居民早晚能利用道路进行就近锻炼与乘凉外，其他居民一般都要在居民区公共绿地进行，其面积大小要与服务半径相适应。但在规划设计中，硬化铺装的地面与园路、建筑小品加在一起，面积应不超过整个小区绿地总面积的10%。居住区与人们的日常生活密切相关，在植物配置中要充分考虑建筑的通风、采光，以及与生活相关的各种设施的布置。例如，植物种植位置要考虑与建筑、地下管线等设施的距离，避免有碍植物的生长和管线的使用与维修（表10-1）。

表 10-1 种植树木与建筑物、构筑物、管线的水平距离

名称	最小间距 /m		名称	最小间距 /m	
	至乔木中心	至灌木中心		至乔木中心	至灌木中心
有窗建筑物外墙	3	1. 5	给水管、闸	1. 5	不限
无窗建筑物外墙	2	1. 5	污水管、雨水管	1	不限
道路侧面、挡土墙脚、陡坡	1	0. 5	电力电缆	1. 5	
人行道边	0. 75	0. 5	热力管	2	1
高 2m 以下围墙	1	0. 75	弱电电缆沟、电力电线杆、路灯电杆	2	
体育场地	3	3	消防龙头	1. 2	1. 2
排水明沟边缘	1	0. 5	煤气管	1. 5	1. 5
测量水准点	2	1			

（4）文化性原则

居住区是居民长时间生活和休息的地方，应该根据植物造园原理，努力创造丰富的文化景观效果，以人为本，体现文化气息。绿地意境的产生可与居住区的命名相联系。每个居住区（居住小区、组团）都有自己的命名，以能体现命名的植物来体现意境，能给人以联想、启迪和共鸣。如桃花苑选择早春开花的桃树片植、丛植，早春来临满树桃花盛开，喜庆吉祥；杏花苑选择北方早春开花的杏树，将片植、群植、孤植

相结合，深受居民喜爱。同样，桂花、木芙蓉、樱花、合欢、紫薇、海棠、丁香等，均可以成为居住区的特色植物。植物是意境创作的主要素材。园林中的意境虽也可以借助于山水、建筑、景石、道路等来体现，但园林植物产生的意境有其独特的优势，这不仅因为园林植物有优美的姿态，丰富的色彩，沁心的芳香，美丽的芳名，而且园林植物是有生命的活机体，是人们感情的寄托。例如合肥西园新村分成 6 个组团，按不同的绿化树种命名为："梅影""竹荫""枫林""松涛""桃源""桂香"。居民可赏花、听声、闻香、观景、抒情，融入到优美的自然环境中去。由于建筑工业化的生产方式，在一个居住区中，往往其小区或组团建筑形式很相似，这对于居民及其亲友、访客会造成不同程度的识别障碍。因此，居住区除了建筑物要有一定的识别导引性，其相应的种植设计也要有所变化，以增加小区的可识别性。在形式和选用种类上，要以不同的植物材料，采用不同的配置方式。如常州清潭小区以"兰、竹、菊"为命名组团，并且大量种植相应的植物，强调不同组团的植物景观特征，效果很明显。

（5）人性化原则

人是居住区的主体，居住区的一切都是围绕着人的需求而进行建设的，植物造景要适合居民的需求，也必须不断向更为人性化的方向发展。植物造景和人的需求完美结合是植物造景的最高境界。强调人性化的住宅小区设计，更要特别强调植物造景的人性化。人们进入绿地是为了休闲、运动和交流。因此，园林绿化所创造的环境氛围要充满生活气息，做到景为人用，富有人情味。从使用方面考虑，居住区植物的选择与配置应该给居民提供休息、遮阴和地面活动等多方面的条件。行道树及庭院休息活动区，宜选用遮阴效果好的落叶乔木，成排的乔木可遮挡住宅西晒；儿童游戏场和青少年活动场地忌用有毒和带刺的植物；而体育运动场地则避免采用大量扬花、落果、落叶的树木。

10.2.3　居住区绿地植物造景的基本要求

居住区绿地的景观效果主要靠植物来实现，植物配置应将生态化、景观化和功能化结合起来。植物材料既是造景的素材，也是观赏的要素，只有正确选择植物、合理进行配置，才能创造出舒适优美的居住区环境。

（1）适地适树

小区绿地必须根据小区内外的环境特征、立地条件，结合景观规划、防护功能等因素，按照适地适树的原则，选择具有一定观赏价值和保护作用的植物进行规划，强调植物分布的地域性和地方特色，考虑植物景观的稳定性、长远性。植物种类选择在体现地域性和地方特色的基础上，力求变化。

（2）乔灌草结合

以植物群落为主，乔、灌、草合理结合，常绿和落叶植物比例适当，速生植物和慢生植物相结合。将植物配置成高、中、低的不同层次，既丰富了植物种类，又能使绿量达到最大化，达到一定的绿化覆盖率。居住区植物景观应减少草坪、花坛面积，不宜设置大量整形色带和冷季型观赏草坪。而多采用攀缘植物进行垂直绿化可以使景观更具立体性。

（3）四季有景

植物配置应体现四季有景，三季有花，适当配置和点缀时令花卉，创造出丰富的季相变换。在种植设计中充分利用植物的观赏特性，进行色彩组合与协调，通过植物叶、花、果实、枝条和干皮等显示的色彩在一年四季中的变化为依据来布置植物。如由迎春花、桃花、丁香等组成春季景观，由紫薇、合欢、石榴等组成夏季景观，由桂花、红枫、银杏等组成秋季景观；由蜡梅、忍冬、南天竹等组成冬季景观。

（4）与建筑协调

居住区植物景观不能仅仅停留在为建筑增加一点绿色的点缀作用，而是应从植物景观与建筑的关系上去研究绿化与居住者的关系，尤其在绿化与采光、通风、防太阳西晒及挡西北风的侵入等方面为居民创造更具科学性、更为人性化、富有舒适感的室外景观。要根据建筑物的不同方向、不同立面，选择不同形态、不同色彩、不同层次以及不同生物学特性的植物加以配置，使植物景观与建筑融合在一起，周边环境协调，营造较为完整的景观效果。要符合居住卫生条件，适当选择落果少、少飞絮、无刺、无味、无毒、无污染物的植物，以保持居住区内的清洁卫生和居民安全。

（5）灵活配置

居住区植物景观应充分利用自然地形和现状条件，对原有树木，特别是古树名木、珍稀植物应加以保护和利用，并规划到绿地设计中，以节约建设资金，早日形成景观效果。由于居住区建筑往往占据光照条件较好的位置，绿地受阻挡而处于阴影之中，因此应选用能耐阴的树种，如金银木、枸骨、八角金盘等。居住区植物景观既要有统一的格调，又要在布局形式、树种选择等方面做到多种多样、各具特色，提高居住区绿化水平。栽植上可采取规则式与自然式相结合的植物配置手法。一般区内道路两侧植1～2行行道树，同时可规则式地配置一些耐阴花灌木，裸露地面用草坪或地被植物覆盖。其他绿地可采取自然式的植物配置手法，组合成错落有致、四季不同的植物景观。

（6）便于管理

应尽量选用病虫害少、适应性强的乡土树种和花卉，不但可以减少绿化费用，而且还有利于管理养护。北方乡土树种有毛白杨、国槐、垂柳、白榆等。

（7）适当考虑经济价值

居住区植物景观可以将植物的观赏功能和生产功能完美结合起来，例如葡萄、忍冬、五味子、栝楼、荷包豆、苦瓜、丝瓜等不但是优良的棚架或篱垣造景材料，同时也是果树、药用植物或蔬菜。其他如杨梅、荔枝、橄榄、樱桃、石榴、柿树、香椿、连翘、乌药、牵牛花等，都是居住区适宜的植物材料。因此，在居住区植物造景设计中可适当考虑植物的生产功能，使园林植物既有观赏价值，又可增加经济收入。

10.2.4 居住区绿地的类型

我国城市居住区规划设计规范规定，居住区绿地应包括公共绿地、宅旁绿地、配套公用建筑所属绿地和道路绿地等。而居住区内的公共绿地，应根据居住区不同的规划组织、结构、类型，设置相应的中心公共绿地，包括居住区公园（居住区级）、小游园（小区级）和组团绿地（组团级），以及儿童游乐场和其他块状、带状的公共绿地。

根据我国一些城市的居住区规划建设实际，居住区公园用地在 $10000m^2$ 以上就可建成具有较明确的功能划分、较完善的游憩设施和容纳相应规模出游人数的公共绿地；用地 $4000m^2$ 以上的小游园，可以满足有一定的功能划分、一定的游憩活动设施和容纳相应的出游人数的基本要求。所以居住区公园的面积一般不小于 $1hm^2$，小区级小游园不小于 $0.4hm^2$。我国各地居住区绿地由于条件不同，差别较大，总体来说标准比较低。各类公共绿地的设置内容应符合表 10-2 的要求。

表 10-2 各类公共绿地设置规定

中心绿地名称	设置内容	要求	最小规模 /hm²
居住区公园	花木、草坪、花坛、水面、凉亭、雕塑、小卖部、茶座、老幼设施、停车场和铺装地面等	园内布局应有明确的功能分区和清晰的游览路线	1.0
小游园	花木、草坪、花坛、水面、雕塑、儿童设施和铺装地面等	园内布局应有一定功能划分	0.4
组团绿地	花木、草坪、桌椅、简易儿童设施等	灵活布局	0.004

居住区绿地规划应与居住区总体规划紧密结合，要做到统一规划、合理组织布局，采用集中与分散、重点与一般相结合的原则，形成以中心公共绿地为核心，道路绿地为网络，庭院与空间绿化为基础，集点、线、面于一体的绿地系统。

10.2.5 居住区公共绿地

居住区公共绿地是居民公共使用的绿地，其功能同城市公园不完全相同，主要服务于小区居民的休息、交往和娱乐等，有利于居民心理、生理的健康。居住区公共绿地集中反映了小区绿地质量水平，一般要求有较高的设计水平和一定的艺术效果，是居住区绿化的重点部分。

公共绿地以植物材料为主，与自然地形、山水和建筑小品等构成不同功能、变化丰富的空间，为居民提供各种特色的空间。居住区公共绿地应位置适中，靠近小区主路，适宜于各年龄组的居民使用；应根据居住区不同的规划组织、结构、类型布置，常与老人、青少年及儿童活动场地相结合。公共绿地根据居住区规划结构的形式分为居住区公园、居住小区中心游园、居住生活单元组团绿地以及儿童游戏场和其他块状、带状公共绿地等。

10.2.5.1 居住区公园

居住区公园是居住区配套建设的集中绿地，服务于全居住区的居民，面积较大，相当于城市小型公园。公园内的设施比较丰富，有各年龄组休息、活动的用地。此类公园面积不宜过大，位置设计适中，服务半径 500 ~ 1000m。该类绿地与居民的生活息息相关，为方便居民使用，常常规划在居住区中心地段，居民步行约 10 分钟可以到达。可与居住区的公共建筑、社会服务设施结合布置，形成居住区的公共活动中心，以利于提高使用效率，节约用地。居住区公园有功能分区、景区划分，除了花草树木以外，还应有一定比例的建筑、活动场地和设施、园林小品，应能满足居民对游憩、散步、运动、健身、游览、游乐、服务、管理等方面的需求。

居住区公园与城市公园相比，游人成分单一，主要是本居住的居民，游园时间比较集中，多在早晚，特别是夏季的晚上。因此，要在绿地中加强照明设施，避免人们在植物丛中因黑暗而遇到危险。另外，也可利用一些香花植物进行配置，如白兰、玉兰、含笑、蜡梅、丁香、桂花、结香、栀子、玫瑰等，形成居住区公园的特色。

居住公园是城市绿地系统中最基本而活跃的部分，是城市绿化空间的延续，又是最接近居民的生活环境。因此在规划设计上有与城市公园不同的特点，不宜照搬或模仿城市公园，也不是公园的缩小或公园的一角。设计时要特别注重居住区居民的使用要求，适于活动的广场、充满情趣的雕塑、园林小品、疏林草地、儿童活动场所、停坐休息设施等应该重点考虑。

居住区公园内设施要齐全，最好有体育活动场所和运动器械，适应各年龄组活动的游戏设施及小卖部、茶室、棋牌室、花坛、亭廊、雕塑等设施小品和丰富四季景观的植物配置。并且宜保留和利用规划或改造范围内的地形、地貌及已有的树木和绿地。

居住区公园户外活动时间较长、频率较高的使用对象是儿童及老年人。因此在规划中内容的设置、位置的安排、形式的选择均要考虑其使用方便，在老人活动、休息区，可适当地多种一些常绿树。在大树下加以铺装，设置石凳、桌、椅及儿童活动设施，以利于老人坐息或看管孩子游戏。专供青少年活动的场地，不要设在交叉路口，其选址既要方便青少年集中活动，又要避免交通事故，其中活动空间的大小、设施内容的多少可根据年龄和性别不同合理布置；植物配置应选用夏季遮阴效果好的落叶大乔木，结合活动设施布置疏林地；可用常绿绿篱分隔空间和绿地外围，并成行种植大乔木以减弱喧闹声对周围住户的影响。在体育运动场地外围，可种植冠幅较大、生长健壮的大乔木，为运动者休息时遮阴。

自然开敞的中心绿地，是小区中面积较大的集中绿地，也是整个小区视线的焦点，为了在密集的楼宇间营造一块视觉开阔的构图空间，植物景观配置上应注重：平面轮廓线要与建筑协调，以乔灌木群植于边缘隔离带，绿地中间可配置地被植物和草坪，点缀树形优美的孤植乔木或树丛、树群。人们漫步在中心绿地里有一种投入自然怀抱、远离城市的感受。

10.2.5.2　居住区小游园

小游园面积相对较小，功能也比较简单，为居住小区内居民就近使用，为居民提供茶余饭后活动休息的场所。它的主要服务对象是老人和少年儿童，内部可设置较为简单的游憩、文体设施，如儿童游戏设施、健身场地、休息场地、小型多功能运动场地、树木花草、铺装地面、庭院灯、凉亭、花架、凳、桌等，以满足小区居民游戏、休息、散步、运动、健身的需求。居住区小游园的服务半径一般为 300 ～ 500m。此类绿地的设置多与小区的公共中心结合，方便居民使用。也可以设置在街道一侧，创造一个市民与小区居民共享的公共绿化空间。当小游园贯穿小区时，如绿色长廊一样形成一条景观带，使整个小区的风景更为丰满。居民前往小游园的路程也大为缩短，由于居民利用率高，因而在植物配置上要求精心、细致、耐用。

小游园以植物造景为主，考虑四季景观。如要体现春景，可种植垂柳、玉兰、迎春、连翘、海棠、樱花、碧桃等，使得春日时节，杨柳青青，春花灼灼。而在夏园，则宜选择悬铃木、栾树、合欢、木槿、石榴、凌霄、蜀葵等，炎炎夏日，绿树成荫，繁花似锦。在小游园因地制宜地设置花坛、花境、花台、花架、花钵等植物应用形式，有很好的装饰效果和实用功能，可为人们休息、游玩创造良好的条件。起伏的地形使植物在层次上有变化、有景深，有阴面和阳面，有抑扬顿挫之感。如澳大利亚布里斯班高级住宅区利用高差形成下沉式的草坪广场，并在四周种植绿树红花，围合成恬静的休憩场所。

小游园绿地多采用自然式布置形式，自由、活泼、易创造出自然而别致的环境。通过曲折流畅的弧线形道路，结合地形起伏变化，在有限的面积中取得理想的景观效果。植物配置也模仿自然群落，与建筑、山石、水体融为一体，体现自然美。当然，根据需要，也可采用规则式或混合式。规则式布置采用几何图形布置方式，有明确的轴线，园中道路、广场、绿地、建筑小品等组成有规律的几何图案。混合式布置可根据地形或功能的特点灵活布局，既能与周围建筑相协调，又能兼顾其空间艺术效果，可在整体上产生韵律感和节奏感。

10.2.5.3　组团绿地

（1）组团绿地的植物造景要求

组团绿地是结合居住建筑组团布置的又一级公共绿地。随着组团的布置方式和布局手法的变化，其大小、位置和形状均相应变化。其面积大于 $0.04hm^2$，服务半径为 $60 \sim 200m$，居民步行几分钟即可到达，主要供居住组团内居民（特别是老人和儿童）休息、游戏之用。此类绿地面积不大，但靠近住宅，居民在茶余饭后即来此活动，因此游人量比较大，利用率高。组团绿地的设置应满足有不少于 1/3 的绿地面积在标准的建筑日照阴影线之外的要求，方便居民使用。其中院落式组团绿地的设置还应满足表 10-3 中的各项要求。块状及带状公共绿地应同时满足宽度不小于8m，面积不小于 $400m^2$ 及相应的日照环境要求。规划时应注意根据不同使用要求分区布置，避免互相干扰。组团绿地不宜建造许多园林小品，不宜采用假山石和建大型水池，应以花草树木为主。其基本设施包括儿童游戏设施、铺装地面、庭院灯、凳、桌等。

表 10-3　院落式组团绿地设置规定

封闭型绿地		开敞型绿地	
南侧多层楼	南侧高层楼	南侧多层楼	南侧高层楼
$L_1 \geq 1.5L_2$	$L_1 \geq 1.5L_2$	$L_1 \geq 1.5L_2$	$L_1 \geq 1.5L_2$
$L_1 \geq 30m$	$L_1 \geq 50m$	$L_1 \geq 30m$	$L_1 \geq 50m$
$S_1 \geq 800m^2$	$S_1 \geq 1800m^2$	$S_1 \geq 500m^2$	$S_1 \geq 1200m^2$
$S_2 \geq 1000m^2$	$S_2 \geq 1000m^2$	$S_2 \geq 1000m^2$	$S_2 \geq 1000m^2$

注：1. L——南北两楼正面间距，m；
2. L_2——当地住宅的标准日照间距，m；
3. S_1——北侧为多层楼的组团绿地面积，m^2；
4. S_2——北侧为高层楼的组团绿地面积，m^2。

组团绿地常设在周边及场地间的分隔地带，楼宇间绿地面积较小且零碎，要在同一块绿地里兼顾四季序列变化，不仅杂乱，也难以做到。较好的处理手法是一片一个季相，并考虑造景及使用上的需要，如铺装场地上及其周边可适当种植落叶乔木为其遮阴；入口、道路、休息设施的对景处可丛植开花灌木或常绿植物、花卉；周边需障景或创造相对安静空间的地段，因此可密植乔灌木，或设置中高绿篱。

（2）组团绿地的造景设计

组团绿地是居民的半公共空间，实际是宅间绿地的扩大或延伸，多为建筑所包围。受居住区建筑布局的影响较大，布置形式较为灵活，富于变化，可布置为开敞式、封闭式和半开敞式等。

① 开敞式　也称为开放式，居民可以自由进入绿地内休息活动，不用分隔物，实用性较强，是组团绿地中采用较多的形式。

② 封闭式　绿地被绿篱、栏杆所隔离，其中主要以草坪、模纹花坛为主，不设活动场地，具有一定的观赏性，但居民不可入内活动和游憩，便于养护管理，但使用效果较差，居民不希望过多采用这种形式。

③ 半开敞式　也称为半封闭式，绿地以绿篱或栏杆与周围有分隔，留有若干出入口，居民可出入其中，但绿地中活动场地设置较少，而禁止人们入内的装饰性地带较多，常在紧临城市干道为追求街景效果时使用。

（3）组团绿地的类型

组团绿地增加了居民室外活动的层次，也丰富了建筑所包围的空间环境，是一个有效利用土地和空间的办法。在其规划设计中可采用以下几种布置形式。

① 中庭绿地　这种组团绿地建筑布局类似于合院式，绿地在中间部分，建筑围合在绿地外围。这种绿地形式有很强的独立性，内部环境不易受到外部环境的影响。这类组团绿地的植物景观要充分考虑建筑的朝向，根据种植地的光照条件选择相应的品种。图10-1为某高层居住区中庭绿地入口节点景观，道路两旁选择红花檵木、花叶假连翘等作为地被，由此可进入中庭绿地的草坪活动空间，形成中庭绿地有收有放、有疏有密的景观空间效果。图10-2为某中庭绿地草坪空间，小区景观规划设计依据绿地空间安排和布置植物疏密，外围由乔木背景林带围合形成大草坪空间，林带边缘可种植灌木或花境。

② 带状绿地　这种组团绿地是由于建筑列队排列，受建筑的左右或上下两侧限制，在中部呈现出狭长的带状绿地。这种组团绿地的景观布局一般依据长轴打造景观线路，在带状绿地设置条状景观构筑，如花架、廊架等。植物景观可以根据带状绿地的道路布局与景观构筑物的布置位置进行设计。在植物景观的打造上要考虑带状空间的通透性，控制植物的密度，形成开敞的绿地景观。图10-3所示为某小区宅间带状绿地，按院落布局营造外墙内的居住空间，以杜鹃、红叶石楠作为地被，后排以桂花、竹子作为背景形成富有层次的景观步道绿带效果。

③ 独立绿地　这是由于建筑布局的限制，在居住区的角隅部分常常剩余的一些绿地。这类绿地一般都在较为偏远的位置，植物景观的设计主要是打造点状绿化，布

置形式灵活，以突出绿地中的标识性景物为主。

图 10-1　某中庭绿地入口节点景观

图 10-2　某中庭绿地草坪空间

图 10-3　某小区宅间带状绿地

　　④ 临街绿地　这种绿地处于居住区面临道路的一侧，既要满足居民活动休憩的功能，又要满足行人的交通功能，还要满足丰富外界街区城市景观的功能。当临街绿地一侧为商业空间时，植物景观普遍采用花坛种植的形式，以开阔、有序的植物景观效果为商业服务；当临街绿地位于居住小区围墙的一侧时，植物景观应以减少外界交通对小区内部环境的影响为主，使植物形成屏障，具有隔声功能，又能美化外界道路景观。

　　⑤ 亲水绿地　人都有亲水性，因此亲水绿地是居住区绿地中最具有活力和灵气

的区域。图 10-4 所示为某居住区小区中庭景观水系，水池周边配置风车草、仙羽蔓绿绒、垂柳等品种，与景观亭、景石有机结合，形成形态自然、层次丰富的亲水绿地。

图 10-4　某居住区小区中庭景观水系

10.2.6　宅旁绿地

宅旁绿地是居住区绿地中属于居住建筑用地的一部分。它包括宅前、宅后、住宅之间及建筑本身的绿化用地，最为接近居民。在居住小区总用地中，宅旁绿地面积最大、分布最广、使用率最高。宅旁绿地面积约占 35%，其面积不计入居住小区公共绿地指标中，在居住小区用地平衡表中只反映公共绿地的面积与比例（%）。一般来说，宅旁绿化面积比小区公共绿地面积指标大 2 ～ 3 倍，人均绿地面积可达 4 ～ 6m^2。对居住环境质量和城市景观的影响最明显，在规划设计中需要考虑的因素也较复杂。

10.2.6.1　宅旁绿地的植物造景要求

宅旁绿地的主要功能是美化生活环境，阻挡外界视线、噪声和尘土，为居民创造一个安静、舒适、卫生的生活环境。其绿地布置应与住宅的类型、层数、间距及组合形式密切配合，既要注意整体风格的协调，又要保持各幢住宅之间的绿化特色。

（1）以植物景观为主

绿地率要求达到 90% ～ 95%，树木花草具有较强的季节性，一年四季，不同植物有不同的季相，使宅旁绿地具有浓厚的时空特点，让居民感受到强烈的生命力。

根据居民的文化品位与生活习惯又可将宅旁绿地分为几种类型：以乔木为主的庭院绿地，以观赏型植物为主的庭院绿地，以瓜果园艺型为主的庭院绿地，以绿篱、花坛界定空间为主的庭院绿地，以竖向空间植物搭配为主的庭院绿地。

（2）布置合适的活动场地

宅旁绿地是儿童，特别是学龄前儿童最喜欢玩耍的地方，在绿地规划设计中宜在宅旁绿地中适当做些铺装地面，设置最简单的游戏场地（如沙坑）等，适合儿童在此游玩。同时还可布置一些桌椅，设计高大乔木或花架以供老年人户外休闲使用。

（3）考虑植物与建筑的关系

宅旁绿地设计要注意庭院的尺度感，根据庭院的大小、高度、色彩、建筑风格的不同，选择适合的树种。选择形态优美的植物来打破住宅建筑的僵硬感，选择图案新颖的铺装地面活跃庭院空间，选用一些铺地植物来遮挡地下管线的检查口，以富有个性特征的植物景观作为组团标识等，创造出美观、舒适的宅旁绿地空间。

靠近房基处不宜种植乔木或大灌木，以免遮挡窗户，影响通风和室内采光，而在住宅西侧需要栽植高大落叶乔木，以遮挡夏季日晒。此外，宅旁绿地应配置耐践踏的草坪，阴影区宜种植耐阴植物。

10.2.6.2　宅旁绿地的植物造景设计

（1）住户小院的绿化

① 底层住户小院　低层或多层住宅，一般结合单元平面，在宅前自墙面至道路留出3m左右的空地，给底层每户安排一专用小院，可用绿篱或花墙、栅栏围合起来。小院外围绿化可作统一安排，内部则由每家自由栽花种草，布置方式和植物种类随住户喜好，但由于面积较小，宜简洁，或以盆栽植物为主。

② 独户庭院　别墅庭院是独户庭院的代表形式，院内应根据住户的喜好进行绿化、美化。由于庭院面积相对较大，一般为 $20 \sim 30m^2$，可在院内设小型小池、草坪、花坛、山石，搭花架缠绕藤萝，种植观赏花木或果树，形成较为完整的绿地格局。

（2）宅间活动场地的绿化

宅间活动场地属半公共空间，主要供幼儿活动和老人休息之用，其植物景观的优劣直接影响到居民的日常生活。宅间活动场地的主要绿化类型主要如下。

① 树林型　树林型是以高大乔木为主的一种比较简单的绿化造景形式，对调节小气候的作用较大，多为开放式。居民在树下活动的面积大，但由于缺乏灌木和花草搭配，因而显得较为单调。高大乔木与住宅墙面的距离至少应为 $5 \sim 8m$，以避开铺设地下管线的地方，便于采光和通风，避免树上的病虫害侵入室内。

② 游园型　当宅间活动场地较宽时（一般住宅间距在30m以上），可在其中开辟园林小径，设置小型游憩和休息园地，并配置层次、色彩都比较丰富的乔木和花灌木，是一种宅间活动场地绿化的理想类型，但所需投资较大。

③ 棚架型　棚架型是一种效果独特的宅间活动场地绿化造景类型，以棚架绿化为主，其植物多选用紫藤、炮仗花、珊瑚藤、葡萄、忍冬、木通等观赏价值高的攀缘

植物。

④ 草坪型 以草坪景观为主，在草坪的边缘或某一处种植一些乔木或花灌木，形成疏朗、通透的景观效果。

（3）住宅建筑的绿化

住宅建筑的绿化应该是多层次的立体空间绿化，包括架空层、屋基、窗台、阳台、墙面、屋顶花园等几个方面，是宅旁绿化的重要组成部分，它必须与整体宅旁绿化和建筑的风格相协调。

① 架空层绿化 近些年新建的高层居住区中，常将部分住宅的首层架空形成架空层，并通过绿化向架空层渗透，形成半开放的绿化休闲活动区。这种半开放的空间与周围较开放的室外绿化空间形成鲜明对比，增加了园林空间的多重性和可变性，既为居民提供了可遮风挡雨的活动场所，也使居住环境更富有通透感。图 10-5 所示为某居住区小区架空层绿地，主要采用耐阴的蜘蛛兰、花叶艳山姜地被，形成丰富的架空层景观。

图 10-5　某小区架空层绿地

高层住宅架空层的绿化设计与一般游憩活动绿地的设计方法类似，但由于环境较为阴暗且受层高所限，植物选择应以耐阴的小乔木、灌木和地被植物为主，园林建筑、假山等一般不予以考虑，只是适当布置一些与整个绿化环境相协调的景石、园林建筑小品等。

② 屋基绿化 屋基绿化是指墙基、墙角、窗前和入口等围绕住宅周围的基础栽植。墙基绿化使建筑物与地面之间增添绿色，一般多选用灌木作规则式配置，亦可种植地锦、络石等攀缘植物对墙面（主要是山墙面）进行垂直绿化。墙角可种小乔木、竹子或灌木丛，形成墙角的"绿柱""绿球"，可打破建筑线条的生硬感觉。对于部

分居住建筑来说，窗前绿化对于室内采光、通风、防止噪声和视线干扰等方面起着相当重要的作用。图 10-6 所示为某居住区小区屋基绿地，主要采用澳洲鸭脚木、垂叶榕、竹子、朱焦等品种，软化建筑生硬的线条，形成丰富的墙基绿化景观。

图 10-6　某居住区小区屋基绿地

10.2.7　居住区道路绿地

居住区道路可大体分为主干道、次干道、小道 3 种。主干道（居住区级）用以划分小区，在大城市中通常与城市支路同级；次干道（小区级）一般用以划分组团；小道即组团（级）路和宅间小路，组团（级）路是上接小区路、下连宅间小路的道路，宅间小路是住宅建筑之间连接各住宅入口的道路。

居住区的道路把小区公园、宅间、庭院连成一体，它是组织联系小区绿地的纽带。居住区道旁绿化在居住区绿化中占有很大比重，它连接着居住区小游园、宅旁绿地，一直通向各个角落，直至每户门前。因此，道路绿化与居民生活关系十分密切。其绿化的主要功能是美化环境、遮阴、减少噪声、防尘、通风、保护路面等。绿化的布置应根据道路级别、性质、断面组成、走向、地下设施和两边住宅形式而定。

（1）主干道

主干道（区级）宽 10 ～ 12m，有公共汽车通行时宽 10 ～ 14m，红线宽度不小于 20m。主干道联系着城市干道与居住区内部的次干道和小道，车行、人行并重。道旁的绿化可选用枝叶茂盛的落叶乔木作为行道树，以行列式栽植为主，各条干道的树种选择应有所区别。中央分车带可用低矮的灌木，在转弯处绿化应留有安全视距，不致妨碍汽车驾驶人员的视线；还可用耐阴的花灌木和草本花卉形成花境，借以丰富道路景观。也可结合建筑山墙或小游园进行自然种植，既美观，又利于交通、防尘和阻隔噪声。

（2）次干道

次干道（小区级）车行道宽 6～7m，连接着本区主干道及小路等。以居民上下班、购物、儿童上学、散步等人通行为主，通车为次。绿化树种应选择开花或富有叶色变化的乔木，其形式与宅旁绿地、小花园绿化布局密切配合，以形成互相关联的整体。特别是在相同建筑间小路口上的绿化应与行道树组合，使乔灌木高低错落自然布置，使花与叶色具有四季变化的独特景观，以方便识别各幢建筑。次干道因地形起伏不同，两边会有高低不同的标高，在较低的一侧可种常绿乔灌木，以增强地形起伏感，在较高的一侧可种草坪或低矮的花灌木，以减少地势起伏，使两边绿化有均衡感和稳定感。

（3）小道

生活区的小道联系着住宅群内的干道，宽 3.5～4m。住宅前小路以人通行为主。宅间或住宅群之间的小道可以在一边种植小乔木，一边种植花卉、草坪。特别是转弯处不能种植高大的绿篱，以免遮挡人们骑自行车的视线。靠近住宅的小路旁绿化，不能影响室内采光和通风，如果小路距离住宅在 2m 以内，则只能种花灌木或草坪。通向两幢相同建筑中的小路口，应适当放宽，扩大草坪铺装；乔灌木应后退种植，结合道路或园林小品进行配置，以供儿童们就近活动；还要方便救护车、搬运车能临时靠近住户。各幢住户门口应选用不同树种，采用不同形式进行布置，以利于辨别方向。另外，在人流较多的地方，如公共建筑的前面、商店门口等，可以采取扩大道路铺装面积的方式来与小区公共绿地融为一体，设置花台、座椅、活动设施等，创造一个活泼的活动中心。

10.2.8　临街绿地

居住区沿城市干道的一侧，包括城市干道红线之内的绿地为临街绿地。主要功能是美化街景、降低噪声。也可用花墙、栏杆分隔，配以垂直绿化或花台、花境。临街绿化树种的配置应注意主风向。据测定，当声波顺风时，其方向趋于地面，这里自路边到建筑的临街绿化应由低向高配置树种，特别是前沿应种低矮常绿灌木。当声波逆风时，其方向远离地面，这里的树种应顺着路边到建筑由高而低进行配置，前边种高大的阔叶常绿乔木，后边种相对矮小的树木。街道上汽车的噪声传播到后排建筑时，由于反射会影响到前排建筑背后居民的安静，因此要特别加强临街建筑之间的绿化。

10.3　案例赏析——建发上郡

建发上郡位于龙岩市新罗区北部工业路北侧、犀牛路东侧，地处龙岩市政府重点打造的小洋人居板块核心区。项目距离龙岩人民广场仅 10 分钟车程，是未来重点发展的区域之一。该项目总建筑面积达 45.6 万平方米，其中商业面积约 2 万平方米，是目前龙岩最大的房地产住宅项目之一。建发上郡项目建筑为新古典风格，园林面积约 4.5 万平方米，延续建发园林精品风格，与泳池、休闲庭院等配套建设，功能性与观赏性融为一体，营造安全、舒适、尊贵的社区环境。打造现代生活新典范的模式为：园区跑道与夜跑导航相结合，配置健身设施以及给予健身激励，增加植物配置帮助降尘，扩大居民的活动空间，活动空间内摆放交流座椅等。

10.3.1　植物景观设计原则及营造手法

（1）植物景观设计原则

① 以当地的乡土树种为主，特别是桂花，引进相同气候带的植物为点缀，适当引进少量棕榈科植物，营造浓郁的东南亚植物景观。

② 层次丰富的植物景观与疏林草地相结合。

③ 以管理粗放的植物为主，点缀精细管理植物。

④ 植物在空间上有不同的观赏点、观赏线和观赏面，开中有合；在时间上则营造出四季有景、三季有花的植物景观。

（2）营造手法

① 运用自然配置及规则式手法，营造适合人类居住的多层次丰富生态植物景观。

② 通过微地形处理，营造隔景、透景的植物景观，借助这些方法可以增加园林空间层次，丰富空间景观特色，使植物景观更富有内涵。

③ 运用植物观花、观叶、闻香、观果等独有特性，营造各种不同的观赏植物景观。

10.3.2　植物配置分析

（1）入口空间植物配置

入口空间包含整个小区大门的入口和建筑的入口，小区的大门是从城市干道进入居住区的通道，同时也是人们对整个居住区的第一印象，因此，植物的配置十分关键，配置得好将会给居民以及外来访客留下温馨、舒适的感觉，配置过于复杂或者过于单调，都将会给人们的印象大打折扣。建筑的入口是居民从小区公共空间进入私人领域的界限，植物景观应有一定的辨识度，让住户可以通过植物来标记家的位置（图 10-7），如鸡蛋花、红叶石楠等，在节假日门前可以摆放一些时令花卉。因此建筑入口的植物配置在整体统一的基础上，增加了一些个性的变化，来加深住户对家的坐标印记。

图 10-7　建发上郡入口空间植物配置

（2）主入口植物配置

入口采用规则式及自然式的配置手法（图 10-8），选择挺拔的乔木，配以色彩鲜明的地被植物，形成色彩明快、韵律分明、气势磅礴的入口景观，成为了整个小区的焦点，加强了入口的标志性作用。主景植物为香樟、林刺葵、假苹婆等，地被植物主要有花叶假连翘、黄金叶、红花檵木等。

图 10-8　建发上郡主入口植物配置

（3）宅边及住户入口植物配置

入口以对称式的配置手法，点种乔木、灌木，加强入口的标志性作用。乔木可选用香花植物、开花植物及观果植物等营造不同的植物景观，给住户从视觉、嗅觉、触觉上的放松和享受。乔木主要选用桂花、柚、杨梅、山茶花等，灌木选用花叶榕、灰莉、红花檵木、花叶假连翘等（图 10-9）。

图 10-9　建发上郡住户入口植物配置

（4）公共活动空间植物配置

宅边利用外缓内陡的地形处理方式，采用"乔木＋灌木＋草坪"的配置手法，庭院的中间是宽阔的草坪，营造一个围合或半围合的独立空间，方便住户周末与家人朋友在草坪上休息，也给儿童留有足够玩耍的场所。乔木可选用香花植物、开花植物及观果植物等营造不同的植物景观（图 10-10）。主景乔木层植物为银杏、高山榕、桂花、朴树、香樟等，灌木层主要有灰莉、花叶榕、海桐，红花檵木球、苏铁、山茶花等，地被植物为水鬼蕉、红花檵木、金叶假连翘、花叶假连翘、红背桂等。

图 10-10　建发上郡公共空间植物配置

（5）园路植物配置

适当地进行种植地形处理，以增加植物的景观层次，采用自然配置的手法，通过植物的高低错落搭配，营造或开或合的不同植物景观，兼顾道路的遮阴，可选用冠大荫浓的高大植物作为高层次。乔木主要选用为香樟、黄金串钱柳、蓝花楹、桂花、朴树等，灌木选用红叶石楠、千年木、海桐、琴叶榕、灰莉等（图10-11）。

图 10-11　建发上郡园路植物配置

在住宅小区绿化中，植物造景的艺术性是必不可少的。植物造景搭配相得益彰，才能充分体现小区的意境，提升小区的观赏舒适性，增强小区景观的感染力，为人们营造一个放松身心的良好环境。

10.4　任务提出

10.4.1　项目区位与概况

（1）项目区位

漳州位于福建省东南部，是"田园都市，生态之城"，生态城市竞争力位居福建第一，是福建省生态先行示范区、国家级闽南文化生态保护区。漳州地处"闽南金三角"，核心城区为芗城区、龙文区、圆山新城，中心城区有漳州台商投资区、漳州开发区，是厦深高铁、龙厦高铁、鹰厦铁路交汇的重要枢纽城市和国家区域级流通节点城市。漳州台商投资区（古属漳州府龙溪县，小部分属海澄县，小部分属泉州府同安县）位于漳州市区东部，是漳州中心城区的重要组成部分，处于漳州、厦门城区中心区，南临九龙江入海口，是漳州距离福建自贸区厦门片区最近的区。

（2）项目概况

漳州台商投资区海峡商务运营中心建设项目位于漳州市台商投资区角美镇锦宅村，西接角海路，由漳州市东森信源置业有限公司投资建设。

10.4.2　植物种植设计任务

根据居住区景观特点，道路交通状况和不同分区的空间分布，结合园林植物知识、植物造景原理、地域性植物景观特点进行综合运用，在主要植物景观上体现群体美与季相变化，层次应丰富，常绿与落叶树种比例控制原则为4∶6，营造出融观赏、休闲于一体，富有本土地域特色、自然生态的居住空间环境。

10.5　任务分析

首先获取图纸信息，包括自然因素、人工设施、环境条件、视觉质量等。

然后根据功能分区确定居住区植物种植形式、类型、大小等内容，包括确定种植范围、植物类型，分析植物组合效果，选择植物色彩和质感等。考虑如何进行植物种植规划（平面）、植物种植立面组合以及植物总平面图单体、群体植物如何布置等问题。

本任务是居住区绿地种植设计，以漳州台商投资区海峡商务运营中心设计为案例，本案例由奥森国际景观公司提供。

10.6　任务实施范例

扫描二维码阅读任务实施范例。

10.7 评分标准

评分标准如表 10-4 所示。

表 10-4 评分标准

序号	项目与技术要求	配分	检测标准	实训记录	得分
1	植物选择合理性	40	是否满足生态学特性以及生态与观赏效应的需要（如适地适树、主要树种比例、根据功能选择树种等）		
2	造景效果	30	在园林空间艺术表现中是否具有明显的景观特色，是否体现园林特色和地方特色等方面		
3	效果图表现	20	色彩关系是否协调，明暗关系是否恰当，质感表现是否到位，图样表达是否整洁美观等		
4	平面图制图规范	10	尺寸、文字标注是否准确，是否符合规范，相关说明是否到位等		

10.8 思考与练习

① 居住区绿地有哪些不同类型？
② 不同类型居住区绿地的植物种植设计要点是什么？
③ 居住区绿地种植设计方法有哪些？

10.9 知识拓展——工厂绿地设计

10.9.1 工厂绿地概述

10.9.1.1 工厂绿地的组成

（1）厂前区绿地
由道路广场、出入口、门卫、办公楼、科研实验楼、食堂等组成，既是行政、生产、科研、技术、生活的中心，也是职工活动和上下班集散的中心，还是连接市区和厂区的纽带。厂前绿化是工厂绿化的重点地段。

（2）生产区绿地

生产区分布着车间、道路、各种生产装置和管线，是工厂的核心，也是工人生产劳动的区域。工厂区绿地比较分散，呈条带状和团片状分布于道路两侧和车间周围。

（3）仓库区绿地

与生产区绿地相似，多为边角地带，为保证生产，绿化不可能占据较多的用地。

（4）绿化美化地段

厂区周围的防护林带、厂内的小游园、花园等。

10.9.1.2 工厂绿地环境条件的特殊性

（1）环境恶劣

工厂在生产过程中常常排放、溢出各种有害于人体健康和植物生长的气体、粉尘、烟尘和其他物质，使空气、水、土壤受到不同程度的污染，虽然人们采取各种环保措施进行治理，但是由于经济条件、科学技术和管理水平的限制，污染还不能完全被杜绝。加上工程建设以及生产过程中的一些行为，会使土壤结构、化学性能和肥力都变差，这些对植物的发育都是不利的，因此应根据不同工厂类型选择适应性强、抗性强、能耐恶劣环境的植物进行绿化，并进行合理的管理。

（2）用地紧张

工厂内建筑密度大，道路、管线及各种设施纵横交错，绿化用地就更为紧张，因此，工厂绿化要见缝插针，灵活运用各种绿化手法，如垂直绿化、屋顶花园等。

（3）保证生产安全

工厂的中心任务是发展生产，因此绿化要有利于生产的正常运行，有利于产品质量的提高。

（4）服务对象

工厂绿地的服务对象是本厂职工，因此，工厂绿化必须有利于职工工作、休息和身心的健康，有利于创造优美的环境。在设计之前必须详细了解职工工作的特点，在设计中处处体现为职工服务、为生产服务。

10.9.1.3 工厂绿地设计原则

（1）工厂绿化应体现各自的特色和风格

工厂绿化是以厂内建筑为主体的环境净化、绿化和美化。绿化设计要体现本厂绿化的特色和风格，充分发挥绿化的整体效果，以植物与工厂特有的建筑形态、体量、色彩相衬托、对比、协调，形成别具一格的工业景观和独特优美的厂区环境。

（2）为生产服务，为职工服务

工厂绿化要充分体现为生产服务、为职工服务的设计宗旨，在设计时首先体现为生产服务。具体做法是充分了解工厂车间、仓库等区域的特点，综合考虑生产工艺流程、防火、防爆、通风、采光及产品对环境的要求，使绿化服从于或满足这些要求，利于生产安全。其次要体现为职工服务，具体做法是在了解工厂和各个车间特点的基础上创造有利于职工劳动、工作和休息的环境，有利于职工的身体健康。

（3）合理布局，形成系统

工厂绿化要纳入厂区主体规划中，在进行工厂建筑、道路、管线等总体布局时，要把绿化结合进去，做到全面规划、合理布局，形成点、线、面相结合的厂区园林绿地系统。点的绿化是厂前区和游憩性游园，线的绿化指的是厂内道路及防护林带，面的绿化指的是车间、仓库等生产性建筑、场地的周边绿化。

（4）增加绿地面积，提高绿地率

工厂绿地面积的大小，直接影响绿化的功能、工业景观，因此要多种途径、多种方式增加绿化面积，提高绿地率。

10.9.1.4　工厂绿地树种选择

（1）工厂绿化植物选择的原则

① 识地识树，适地适树　首先要对拟绿化工厂内的环境条件有清晰的认识和了解，包括温度、湿度、光照等气候条件和土壤条件，也要对各种植物的生物学特性和生态学习性了如指掌。

② 注意防污植物的选择　工厂中一般都会有一些污染，因此在绿化时要根据调查研究和测定的基础，选择抗污染的树种，尽快取得良好的绿化效果。

③ 根据生产工艺的要求　有些工厂的生产工艺对环境有特殊的要求，如精密仪器厂、光学仪器厂。实验室对空气洁净度要求极高，绿化植物应选择具有极强的阻滞尘埃、净化空气、降低飘尘等作用的树种，以保证产品质量。炼油厂、造纸厂、易燃物仓库等，应选择含脂少、含水量多，着火时不产生火焰的树种，如珊瑚树、蚊母树、银杏等。

④ 易于繁殖，便于管理　工厂绿化管理人员有限，为节约成本，工厂绿化应选择繁殖容易和管理粗放的植物，尤其是选择乡土植物。

（2）工厂绿化常用植物

① 二氧化硫　抗二氧化硫的植物如下。

抗性极强：柏树、杨树、刺槐、桑树、无花果、夹竹桃、黄杨、菊花、石竹、向日葵、蓖麻等。

抗性强：臭椿、白蜡、梧桐、广玉兰、君迁子、玉兰、紫叶李、桂花、月桂、蚊母、冬青、海桐、月季、石榴、凤尾柏、大丽花、蜀葵、唐菖蒲、翠菊、美人蕉、鸡冠花、苏铁、白兰、令箭荷花、朱槿、柑橘、龟背竹、鱼尾葵等。

抗性中等：柳杉、龙柏、棕榈、白玉兰、紫荆、郁李、南天竹、芭蕉、紫茉莉、鸢尾、一串红、荷兰菊、百日草、矢车菊、银边翠、天人菊、波斯菊、蛇目菊、桔梗、锦葵、茉莉花、杜鹃、叶子花、旱金莲、一品红、红背桂、彩叶草等。

抗性弱：水杉、白榆、悬铃木、木瓜、樱花、雪松、黑松、竹、美女樱、月见草、麦秆菊、福禄考、滨菊、瓜叶菊等。

② 二氧化碳和酸雨　抗二氧化碳和酸雨的植物如下。

抗性极强：龙柏、构树、香椿、樟树、臭椿、刺槐、黄杨、珊瑚树、无花果、绣球等。

抗性强：枫杨、乌桕、合欢、棕榈、月季等。

抗性中等：龙柏、夹竹桃、迎春等。

抗性弱：黑松、水杉、白榆、悬铃木等。

③ 氟化氢　抗氟化氢的植物如下。

抗性极强：龙柏、构树、桑树、黄连木、丁香、小叶女贞、无花果、罗汉松、木芙蓉、葱兰等。

抗性强：柳杉、臭椿、杜仲、银杏、悬铃木、广玉兰、柿树、枣树、女贞、珊瑚树、蚊母、海桐、大叶黄杨、锦熟黄杨、石楠、火棘、剑麻、棕榈、蜡梅、石榴、玫瑰、紫薇、山茶、柑橘、一品红、秋海棠、大丽花、万寿菊、紫茉莉、牵牛等。

抗性中等：白榆、三角槭、丝棉木、枫杨、木槿、忍冬、桂花、丝兰、小叶黄杨、美人蕉、百日草、蜀葵、金鱼草、半枝莲、水仙、醉蝶花、栀子、红背桂、白蜡、樱桃、栓皮栎、胡桃等。

抗性弱：合欢、杨树、桃树、枇杷、垂柳、扁柏、黑松、雪松、海棠、碧桃、桂花、玉簪、唐菖蒲、锦葵、凤仙花、杜鹃、彩叶草、万年青等。

④ 氯气　抗氯气的植物如下。

抗性极强：合欢、乌桕、接骨木、木槿、紫荆等。

抗性强：臭椿、刺槐、三角槭、泡桐、苦楝、丝棉木、凤尾柏、洒金柏、桂花、海棠、珊瑚树、大叶黄杨、夹竹桃、石榴、月季、万年青、罗汉松、南洋杉、苏铁、杜鹃、唐菖蒲、一串红、鸡冠花、金盏菊、大丽花等。

抗性中等：黑松、白榆、木瓜、南天竹、牡丹、六月雪、地锦、凌霄、一品红、石刁柏、柚子、木本夜来香、八仙花、叶子花、米仔兰、黄婵、彩叶草、红背桂、晚香玉、凤仙花、万寿菊、波斯菊、百日草、金鱼草、矢车菊、醉蝶花等。

抗性弱：广玉兰、紫薇、竹、梣叶槭、月见草、福禄考、锦葵、茉莉、倒挂金钟、樱草、四季秋海棠、瓜叶菊、天竺葵等。

⑤ 氯化氢　抗氯化氢的植物如下。

抗性极强：苦楝、龙柏、杨树、桑树、刺槐、槐、小叶女贞、东京樱花、无花果、美人蕉、紫茉莉等。

抗性强：白蜡、合欢、乌桕、紫叶李、紫薇、锦带花、海桐、锦熟黄杨、棕榈、蜀葵、栀子。

抗性中等：白榆、女贞、蜡梅、夹竹桃

抗性弱：广玉兰、黑松、雪松等。

⑥ 硫化氢　抗硫化氢的植物如下。

抗性极强：构树、东京樱花、罗汉松、蚊母、锦熟黄杨、月季、羽衣甘蓝。

抗性强：龙柏、悬铃木、白榆、桑树、桃树、樱桃、夹竹桃、草莓等。

抗性中等：石榴、唐菖蒲、矢车菊、向日葵、旱金莲。

抗性弱：桂花、紫菀、虞美人等。

10.9.2　工厂各组成部分绿地设计

（1）厂前区绿地设计

厂前区的绿化要美观、整齐、大方，还要方便车辆通行和人流集散。绿地一般多采用规则式或混合式。入口处的布置要富于装饰性和观赏性，强调入口空间。广场周边、道路两侧的行道树，选用冠大荫浓、耐修剪、生长快的乔木或树姿优美、高大雄伟的常绿乔木，形成外围景观或林荫道。花坛、草坪及建筑周围的基础绿带或用修剪整齐的常绿绿篱围边，点缀色彩鲜艳的花灌木、宿根花卉，或植草坪，用色叶灌木形成模纹图案。

如用地宽余，厂前区绿化还可与小游园的布置相结合，设置山泉水池、建筑小品、园路小径，放置园灯、凳椅，栽植观赏花木和草坪，形成恬静、清洁、舒适、优美的环境。为职工工余班后休息、散步、交往、娱乐提供场所，也体现了厂区面貌，成为城市景观的有机组成部分。

为丰富冬季景色，厂区绿化常绿树应占有较大的比例，一般为30%～50%。

（2）生产区绿地设计

生产车间周围的绿化要根据车间生产特点及其对环境的要求进行设计，为车间创造生产所需的环境条件，防止和减轻车间污染物对周围环境的影响和危害，满足车间生产安全、检修、运输等方面对环境的要求，为工人提供良好的短暂休息用地。

一般情况下，车间周围的绿地设计，首先要考虑有利于生产和室内通风采光，距车间6～8m内不宜栽植高大乔木。其次，要把车间出入口两侧绿地作为重点绿化美化地段。各类车间生产性质不同，对环境要求也不同，必须根据车间具体情况因地制宜地进行绿化设计（表 10-5）。

表 10-5　各类生产车间周围绿化特点及设计要点

类型	绿化特点	设计要点
精密仪器车间、食品车间、医药卫生车间、供水车间	对空气质量要求较高	以栽植藤本、常绿树木为主，铺设大块草坪，选用无飞絮、种毛、不易落果及掉叶的乔灌木和杀菌能力强的树种
化工车间、粉尘车间	有利于有害气体、粉尘的扩散、稀释或吸附，起隔离、分区、遮蔽作用	栽植抗污、吸污、滞尘能力强的树种，以草坪、乔灌木形成一定空间和立体层次的屏障
恒温车间、高温车间	有利于改善和调节小气候环境	以草坪、地被物、乔灌木混交，形成自然式绿地。以常绿树种为主，配以色淡味香的花灌木。可配置园林小品
噪声车间	有利于减弱噪声	选择枝叶茂密、分枝低、叶面积大的乔灌木，以常绿、落叶树木组成复层混交林带
易燃易爆车间	有利于防火、防爆	栽植防火树种，以草坪和乔木为主，不栽或少栽灌木，以利于可燃气体稀释、扩散，并留出消防通道和场地
露天作业区	起隔声、分区、遮阴作用	栽植大树冠的乔木混交林带
工艺美术车间	创造优美的环境	栽植姿态优美、色彩丰富的树木花草，配置水池、喷泉、假山、雕塑等园林小品，铺设园路小径
暗室作业车间	形成幽静、庇荫的环境	搭荫棚，或栽植枝叶茂密的乔木，以常绿乔灌木为主

（3）仓库、堆场绿地设计

仓库区的绿化设计，要考虑消防、交通运输和装卸方便等要求，选用防火树种，禁用易燃树种，疏植高大乔木，间距 7～10m，绿化布置宜简洁。在仓库周围要留出 5～7m 宽的消防通道。并且应尽量选择病虫害少、树干通直、分支点高的树种。装有易燃物的贮藏罐，周围应以草坪为主，防护堤内不种植物。露天堆场绿化，在不影响物品堆放、车辆进出、装卸的前提下，周边栽植高大、防火、隔尘效果好的落叶阔叶树，外围加以隔离。

（4）工厂道路绿化设计

厂内道路是连接工厂内外交通的纽带，职工上下班时人流集中，车辆来往频繁，地下管线交叉，这都给绿化带来了一定的困难，因此在绿化时要充分了解这些情况，选择生长健壮、适应性强、抗性强、耐修剪、树冠整齐、遮阳效果好的乔木作为行道树。道路两侧通常以等距行式栽植乔木作行道树。株距以 5 ~ 8m 为宜。交叉口及转弯处应留出安全视距。大型工厂道路足够宽时，可增加一些园林小品，布置成花园林荫道。

（5）工厂小游园设计

工厂小游园可以和工人俱乐部、阅览室、体育活动场地、大礼堂、办公楼、厂前区结合布置，也可利用厂内山丘、水面和车间之间的大块空地，辟建小游园。如果工厂远离市区，面积很大，也可将小游园建成功能较完善的工厂小花园、小公园。

小游园的内容有出入口（根据小游园大小、周围道路情况合理确定数量和位置，并在出入口设计时自成景观而且有景可观），场地（考虑一些休息、活动的场地），建筑小品（亭廊、花架、宣传栏、雕塑、圆灯、座椅、水池、喷泉、假山等），植物（乔灌草结合、常绿树和落叶树结合，树林、树群、花坛等）。

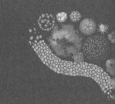

第 11 章

城市公园绿地植物种植设计

城市公园是人们休闲、娱乐并且开展文化、社交活动的场所。它是城市绿化水平的窗口，也是城市经济发展水平的展示。园林植物是城市公园中的主要内容，应对城市公园进行合理的园林植物种植设计，从其多种功能出发进行设计，有集体活动的广场或大草坪，有遮阳的乔木，有艳丽的、成片的灌木，有用于安静休息的密林、疏林等。不仅能够提高公园的美观性，而且还可以调节城市的生态环境，起到环保作用。

11.1　学习目标

11.1.1　知识目标

① 了解城市公园绿地的类型。
② 熟悉不同类型城市公园绿地植物种植设计的要点。

11.1.2　技能目标

① 能辨别常绿、落叶、针叶、阔叶、乔木、灌木在平面表现法上的区别，具有合理选择城市公园绿地园林植物的能力。
② 能识读并按规范绘制城市公园绿地园林植物种植设计图和植物施工图，具备城市公园绿地园林植物种植设计的能力。

11.2　相关知识

在城市公园中，园林植物的安排和布置对园林的整体形貌和美观度有着十分关键的影响，因此，要想更好地发挥城市公园的作用，必须要有完整的城市公园园林植物种植规划。

11.2.1　园林植物配置原则

（1）生态性原则

遵循生态的理念和利用生态造景的手法。方案应充分表现出回归自然和崇尚自然的理念，把握好植物与植物之间、植物与动物之间的关系，这样才能建造出关系协调、生态平衡、环境优美的舒适空间，做到人与自然和谐相处。在进行园林植物种植设计时，根据当地的气候条件和土壤条件，选择合适的植物进行栽植，并营造出一种植物融于自然的美感，通过园丁技术上的鬼斧神工，将人工制造的景色与自然规律结合起来，给人一种很自然很真实的美的意境。

（2）观赏性原则

适合公园园林种植的植物种类繁多，在进行植物选择时，要根据不同植物的特点选择合适的植物进行栽培种植。了解不同植物的习性，将生长可以相互促进的植物种植到一起，针对不同植物可供观赏的内容不同，对植物进行合理的分类，事前做好相关的规划，使植物的观赏性和趣味性更强。

突出现代景观中植物景观的丰富性与人类的智慧对优美景观的渴望。选择当地适宜种植的植物，乔木、灌木、花卉、地被植物搭配种植，创造丰富多彩的植物景观环境，给人一种置身自然的感觉。

（3）因地制宜原则

不同植物生长所需要的营养条件和气候条件也不同，在进行植物的选择和种植时，要根据不同植物的习性合理选择区域种植。比如说对于喜阴的植物，可以将其种植在高大的乔木下或者灌木丛中；而对于喜阳的植物，一般将其种植在隔离带或道路两边。开花类植物的花季根据种类的不同也存在很大的差异，在这样的情况下，要做到保证每个季节都有花开放，使公园四季都有可以观赏的景色，不要出现没有花开放的空白季节。

（4）适地适树原则

通俗地说，就是把树木栽植在适合的环境下，使树木生态习性与园林栽植地生境条件相适应，达到树和地的统一，使树木生长健壮，充分发挥其园林功能。在植物选择上要以乡土植物为主，充分考虑植物与环境的关系，保障植物健康生长。

（5）文化性原则

不同地区都有适宜的植物种群，要把当地植物特色表现出来，有些地方植物被赋予了文化内涵，更成为一个地区的代表。

（6）时效性原则

在植物配置时，要考虑长期与短期、开花与结果、花色与景观效果相结合，也要考虑达到预期效果需要多长时间。在设计时要考虑速生树和慢生树相搭配，适当考虑植物的生长空间和长势。

11.2.2　园林植物配置方式

公园绿地园林植物配置的方式以丛植、群植、林植为主，以体现植物的多样性及群体效应；孤植、对植、列植的方式应用较少。

在进行公园园林植物种植设计工作时，要根据当地的气候条件和土壤条件，以及公园在城市中的主要职能，合理安排园林植物的种植。尽量在有限的土地上营造更多的景致，使得人们在忙碌的工作生活之余有一个放松身心的好去处。在设计过程中，根据不同位置的功能不同，选择合理的乔木、灌木以及花卉进行种植，在进行施工之前，还应该做好充分的调研工作，了解市民的喜好，根据当地的特色合理选择植物种植。在园林植物种植过程中，一定要避免可能破坏当地生态环境的植物引入，在栽培之前进行充分的考察工作，并请教相关植物学家做出合理的规划，确保当地的环境不受损害。

城市公园园林植物的种植设计是一项大工程，需要科学的指导，在设计之前要对当地的具体条件进行充分的了解，尤其是当地的气候条件和土壤条件，选择合适的植株种植。在园林植物设计和配置时，要遵循人与自然和谐相处的原则，将自然的理念融入设计当中，并根据植物的相关特性以及游客的需求选择合理的植物进行种植，使城市的绿化既能满足人们的审美需求，又能够实现生态的友好，达到环境保护的目的。

11.2.3　园林植物配置规范

（1）一般规定
① 植物配置应以总体设计确定的植物组群类型及效果要求为依据。
② 植物配置应采取乔灌草结合的方式，并应避免生态习性相克的植物搭配。
③ 植物配置应注重植物景观和空间的塑造，并应符合下列规定：

a. 植物组群的营造宜采用常绿树种与落叶树种搭配，速生树种与慢生树种相结合，以发挥良好的生态效益，形成优美的景观效果；

b. 孤植树、树丛或树群至少应有一处欣赏点，视距宜为观赏面宽度的1.5倍或高度的2倍；

c. 树林的林缘线观赏视距宜为林高的2倍以上；

d. 树林林缘与草地的交接地段，宜配植孤植树、树丛等；

e. 草坪的面积及轮廓形状，应考虑观赏角度和视距要求。

④ 植物配置应考虑管理及使用功能的需求，并应符合下列要求：

a. 应合理预留养护通道；

b. 公园游憩绿地宜设计为疏林或疏林草地。

⑤ 植物配置应确定合理的种植密度，为植物生长预留空间。种植密度应符合下列规定：

a. 树林郁闭度应符合表 11-1 的规定；

b. 观赏树丛、树群近期郁闭度应大于 0.50。

表 11-1　树林郁闭度

类型	种植当年标准	成年期标准
密林	0.30～0.70	0.70～1.00
疏林	0.10～0.40	0.40～0.60
疏林草地	0.07～0.20	0.10～0.30

⑥ 植物与架空电力线路导线之间的最小垂直距离（考虑树木自然生长高度）应符合表 11-2 的规定。

表 11-2　植物与架空电力线路导线之间的最小垂直距离

线路电压 /kV	<1	1～10	35～110	220	330	500	750	1000
最小垂直距离 /m	1.0	1.5	3.0	3.5	4.5	7.0	8.5	16.0

⑦ 植物与地下管线之间的安全距离应符合下列规定。

a. 植物与地下管线的最小水平距离应符合表 11-3 的规定。

表 11-3　植物与地下管线最小水平距离　　　　　　单位：m

名称	新植乔木	现状乔木	灌木或绿篱
电力电缆	1.5	3.5	0.5
通信电缆	1.5	3.5	0.5
给水管	1.5	2.0	—
排水管	1.5	3.0	—
排水盲沟	1.0	3.0	—
消防龙头	1.2	2.0	1.2

名称	新植乔木	现状乔木	灌木或绿篱
燃气管道（低中压）	1.2	3.0	1.0
热力管	2.0	5.0	2.0

注：乔木与地下管线的距离是指乔木树干基部的外缘与管线外缘的净距离。灌木或绿篱与地下管线的距离是指地表处分蘖枝干中最外的枝干基部外缘与管线外缘的净距离。

b. 植物与地下管线的最小垂直距离应符合表 11-4 的规定。

表 11-4　植物与地下管线最小垂直距离　　　单位：m

名称	新植乔木	现状乔木	灌木或绿篱
各类市政管线	1.5	3.0	1.5

⑧ 植物与建筑物、构筑物外缘的最小水平距离应符合表 11-5 的规定。

表 11-5　植物与建筑物、构筑物外缘的最小水平距离　　　单位：m

名称	新植乔木	现状乔木	灌木或绿篱外缘
测量水准点	2.00	2.00	1.00
地上杆柱	2.00	2.00	—
挡土墙	1.00	3.00	0.50
楼房	5.00	5.00	1.50
平房	2.00	5.00	—
围墙（高度小于 2m）	1.00	2.00	0.75
排水明沟	1.00	1.00	0.50

注：乔木与建筑物、构筑物的距离是指乔木树干基部外缘与建筑物、构筑物的净距离。灌木或绿篱与建筑物、构筑物的距离是指地表处分蘖枝干中最外的枝干基部外缘与建筑物、构筑物的净距离。

⑨ 对具有地下横走茎的植物应设隔挡设施。

⑩ 种植土厚度应符合现行行业标准《绿化种植土壤》CJ/T 340 的规定。

⑪ 种植土理化性质应符合现行行业标准《绿化种植土壤》CJ/T 340 的规定。

（2）游人集中场所

① 游憩场地宜选用冠形优美、形体高大的乔木进行遮阴。

② 游人通行及活动范围内的树木，其枝下净空应大于 2.2m。

③ 儿童活动场内宜种植萌发力强、直立生长的中高型灌木或乔木，并宜采用通透式种植，便于成人对儿童进行看护。

④ 露天演出场观众席范围内不应种植阻碍视线的植物。

⑤ 临水平台等游人活动相对集中的区域，宜保持视线开阔。

⑥ 园路两侧的种植应符合下列规定。

a. 乔木种植点距路缘应大于 0.75m。

b. 植物不应遮挡路旁标识。

c. 通行机动车辆的园路，两侧的植物应符合下列规定：

Ⅰ. 车辆通行范围内不应有低于 4.0m 高度的枝条；

Ⅱ. 车道的弯道内侧及交叉口视距三角形范围内，不应种植高于车道中线处路面标高 1.2m 的植物，弯道外侧宜加密种植以引导视线；

Ⅲ. 交叉路口处应保证行车视线通透，并对视线起引导作用。

⑦ 停车场的种植应符合下列规定。

a. 树木间距应满足车位、通道、转弯、回车半径的要求。

b. 庇荫乔木枝下净空应符合下列规定。

Ⅰ. 大、中型客车停车场：大于 4.0m。

Ⅱ. 小汽车停车场：大于 2.5m。

Ⅲ. 自行车停车场：大于 2.2m。

c. 场内种植池宽度应大于 1.5m。

（3）滨水植物种植区

① 滨水植物种植区应避开进、出水口。

② 应根据水生植物生长特性对水下种植槽与常水位的距离提出具体要求。

11.3 案例赏析——北京玉渊潭公园

玉渊潭公园，面积 132.38hm²，其中水上面积 59.72hm²。全园分为西部樱花区、北部引水湖景区、南部中山岛、东面的留春园。全园植被丰富，利用植物与其他景观素材创造了多变的空间特色。公园以西湖岸为主线路，沿途分布各色景点，充分利用其空间的分割创造不同的观赏感受。植物种植设计从公园门区、主园路两侧、运动休闲广场，到河岸、山体、边界等不同地段，乔木、灌木、地被结合，注重植物四季的不同色彩、质感、人文情感，与园林小品共同创造了丰富宜人的景观空间（图 11-1）。

图 11-1　植物与小品组合造景

公园门区共有4个，与周围环境相结合并展示园内精品，凸显入口特色。南门外广场中间铺设两段草坪，设石围合，两侧草坪铺地，贴合人行道设置绿篱及花境，远景种植高大乔木，花境与秋色叶乔木颜色相衬，形成良好的视觉效果。东门内侧种植银杏、金丝垂柳及樱花，地被铺设花境，创造了幽深宁静的景观环境。北门入口处乔木外形较为高大，满足秋色叶的观赏特性，花灌木沿路布置为樱花园作铺垫（图 11-2）。西门种植银杏、山樱花，辅以山石，以榉树作屏障，满足夏季遮阴、秋季观叶的效果。

图 11-2　樱花园山石与植物

公园道路两旁列植行道树，离道路较远处群植深色叶树作背景，灌木使用单一的铺地柏或花卉，形成不同的林下效果（图 11-3）。交叉停留空间，乔木采用三点式种植，色叶树与常绿树相搭配，依靠周边植物的种植达到移步换景的效果。

图 11-3　乔灌木立体种植

运动休闲广场位于东南侧，是游人休闲娱乐的主要场所，周围采用树阵式排列，增加林下遮阳空间。乔木冠幅大，结合地形其垂直空间可有效围合，形成较私密的小空间（图 11-4）。

图 11-4　植物围合私密空间

公园河岸的种植设计主要采用围合与遮挡两种形式，在有景可赏的区域，乔木下铺草置石，少有灌木及草本花卉，如图11-5河岸水陆生植物所示。在遮挡的水域，植物贴近水边或植于防洪堤上，种植密度大，垂直高度较高，乔木下种植灌木，富有层次感。

图 11-5　河岸水陆生植物

公园山体植被茂密，围合景亭而置，与周围环境分隔明显，景观效果较好。入口处植被丰富，结合山体，遮挡效果明显，景观效果野趣十足，如图11-6所示。

图 11-6　山体、植物与建筑

公园东北边界基于公园所处地理位置及周边环境的影响，以高大的刺槐林和银杏作遮挡，形成良好的边界林（图11-7），使公园边界距离园内游人的最远可达处有一定的距离，结合地形，不仅可以丰富景观层次，还能有效地减少外部环境对公园内的干扰，创造了具有较强观赏性的景观。

图 11-7   边界林

11.4 任务提出

图11-8为龙津湖公园设计范围，请为该公园进行植物种植设计。

（1）项目概况

龙岩市龙津湖公园项目位于龙岩大道与龙腾路之间，南至金鸡路、北临会展南路、西至龙腾中路、东至龙岩大道。项目景观总面积305614.67m^2，水域面积117258.6m^2，驳岸护岸1.2km，车行桥梁4座、人行桥梁9座，同时规划建设规划馆及配套文化设施（建筑面积15000m^2）、大剧院（建筑面积36000m^2）。

（2）植物种植设计任务

结合整个场地周边道路交通状况、地形地势特点和相邻景点、景区的空间分布，将园林植物知识、植物造景原理、地域性植物景观特点进行综合运用，在主要植物景观上体现群体美与季相变化，层次应丰富，常绿与落叶树种比例控制原则为4：6，营造出融观赏、休闲于一体，富有本土地域特色、自然生态的城市公园环境。

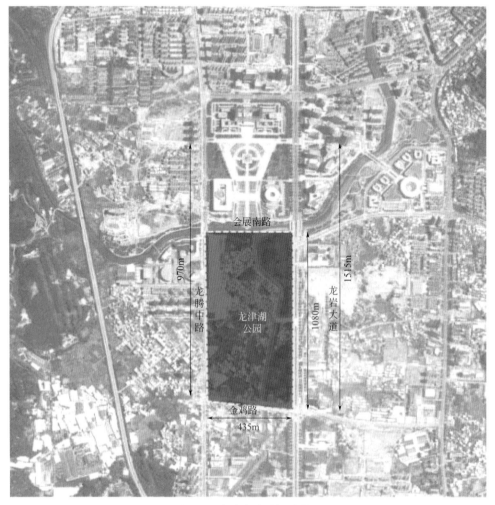

图 11-8 龙津湖公园设计范围

11.5 任务分析

从龙津湖公园平面图中获取图纸相关信息，包括自然因素、人工设施、环境条件、视觉质量等；认真分析公园的园址和功能分区，充分考虑各个分区的地形、园林特点、环境等因素，确定区段内植物种植形式、类型、大小等内容，包括确定种植范围、植物类型，分析植物组合效果，选择植物色彩和质感等。

考虑如何进行植物种植规划（平面）、植物种植立面组合以及植物总平面图单体、群体植物如何布置等问题。

11.6 任务实施范例

扫描二维码阅读任务实施范例。

11.7 评分标准

评分标准如表 11-6 所示。

表 11-6 评分标准

序号	项目与技术要求	配分	检测标准	实训记录	得分
1	植物选择合理性	40	是否满足生态学特性以及生态与观赏效应的需要（如适地适树、主要树种比例、根据功能选择树种等）		
2	造景效果	30	在园林空间艺术表现中是否具有明显的景观特色，是否体现园林特色和地方特色等方面		
3	效果图表现	20	色彩关系是否协调，明暗关系是否恰当，质感表现是否到位，图样表达是否整洁美观等		
4	平面图制图规范	10	尺寸、文字标注是否准确，是否符合规范，相关说明是否到位等		

11.8 思考与练习

① 中国古典园林植物配置的艺术手法有哪些？
② 公园内建筑与园林植物配置的协调关系如何体现？

11.9 知识拓展——湿地公园植物配置

湿地是人类最重要的环境资本之一，在应对气候变化、维护全球碳循环和保护生物多样性等方面，发挥着不可替代的重要作用。随着现代生态环境的日益恶化，环境保护受到全社会的高度重视，景观的发展越来越强调生态可持续性。在此基础上，湿地公园开始涌现，它们对维护生态平衡、促进人与自然和谐共生、推动生态旅游等方面起到了良好的作用。

植物是湿地公园中最具生命力、最能体现地方特色的元素，湿地公园的植物配置需要根据植物的立地条件和生态习性，结合科学与艺术的手法，再现湿地的自然景观和生态功能。

11.9.1 因地制宜，适地适树

在植物景观营造中，依托原有生态环境和自然群落，最大限度保留原有植被，以乡土树种为主，结合场地的历史文化内涵，体现强烈的地域特色。在适地适树原则的基础上，尽可能丰富植物种类，使常绿植物与落叶植物相结合，营造季相分明、层次丰富、色彩多样的湿地景观。

11.9.2 科学配置植物种类

（1）水边植物配置

此区域为水域和陆地或沼泽地的过渡带，水深 0.3m 以下。水边植物配置讲究艺术构图，利用丛植、片植、散植的配置方式，点缀于水边，利用错落有致的倒影丰富水面层次，野趣十足。

石锣鼓公园植物景观设计中的沉水植物只有狐尾藻一种，种类单一，应丰富植物种类。浮水植物植株的叶子和花朵浮于水面上，使水面的色彩丰富，达到美化水面的效果。石锣鼓公园在水域面积比较大的地方适当点缀睡莲，丰富植物景观层次，增添水面的色彩（图 11-16）。挺水植物适宜种植于水体的各种位置，只要能适合它们的生长。挺水植株高大，类型多样，花色鲜艳，是湿地公园水体中应用最广的植物。石锣鼓湿地公园中的挺水植物有莲、鸢尾、再力花、美人蕉、梭鱼草、花叶芦竹、风车草、菖蒲等（图 11-17）。

（2）浅水区植物配置

此区域水深 0.3～0.9m，植物配置以叶形宽大的挺水和浮叶植物为主，营造水生植物的群落景观，但配置时要与水面大小比例、周边景观的视野相协调，切忌拥塞。

从岸边道路到水面高缓坡，可采用疏林草地的自然种植形式，延伸到水域中和水生植物形成和谐的植物景观。石锣鼓湿地公园的植物种植以多种水生植物群落混植为主，适当进行单种种植，营造出丰富的植物群落景观（图 11-18）。

图 11-16　睡莲丰富植物景观层次

图 11-17　挺水植物

（3）深水区植物配置

此区域水深 0.9 ～ 2.5m，植物配置时主要考虑湿地净化污水作用和自净能力，常采用"沉水植物＋部分漂浮植物"的配置方式，在保证生态的同时，营造静谧、深邃的自然气氛。水较深的区域考虑到游人的安全性，不适宜使游人亲近水面。石锣鼓湿地公园种植挺水植物进行护岸，并选择耐水湿的垂柳、乌桕、木芙蓉、碧桃等湿生乔木相结合，采用自然式种植，形成过渡自然的岸线湿地植物景观，并设置一些亲水平台，使游人欣赏到美丽的水面和植物景观（图 11-19）。

图 11-18　浅水区植物配置

图 11-19　深水区植物配置

（4）湿地公园岸线植物配置

岸线植物在水体景观中起着指导作用，岸线的植物配置要根据湿地公园的驳岸性质进行设计。驳岸以石岸和土岸居多，呈现自然式或规则式。规则式石岸线条生硬而枯燥，植物配置时选取枝叶细长、柔软的植物，借用枝叶遮挡来弥补石岸的不足之处，呈现婀娜多姿的景观效果。自然式石岸线条丰富，植物配置时要有藏有露、虚实结合，选用姿态优美的植物种类点缀其中，增添景色与趣味。自然式土岸的植物配置结合蜿蜒曲折的地形，有近有远，有疏有密，有断有续，弯弯曲曲，自然有趣。石锣鼓湿地公园主要是以自然式土岸为主，辅以石岸，选用耐水湿的植物来护岸。在岸边植物景观设计时选用鸡冠刺桐、鸡蛋花、秋枫、垂柳等乔木，并配以幌伞枫、鸡爪槭、鹅掌柴、叶子花等灌木，地被层选用杜鹃、艳山姜、肾蕨、水鬼蕉等，水际岸边配以鸢尾、美人蕉、梭鱼草、再力花等水生植物，形成丰富多样的水岸立面，同时也丰富了水面的景观，形成动人的倒影（图 11-20、图 11-21）。

图 11-20　岸线植物配置

图 11-21　自然式岸线植物配置

（5）湿地公园陆生植物配置

湿地公园陆地部分包括休闲小广场、游乐区、林荫道、防护林带、科普教育馆以及服务设施绿化区等多种场所。因此，陆生植物景观的设计要考虑场地的需要，根据场地所要突出的观赏性或使用性或生态功能进行设计。如果要需要突出观赏性，则考虑选择具有美丽的花朵、果实、树干等姿态优美、色彩丰富的树种；如果要突出使用性，则考虑选用能够提供树荫的植物；如果要突出生态功能，则考虑选用枝繁叶茂、生态效益良好的植物进行配置。

参考文献

[1] 曾艳.风景园林艺术原理［M］.天津：天津大学出版社，2015.

[2] 何桥.植物配置与造景技术［M］.北京：化学工业出版社，2015.

[3] 高颖.园林植物造景设计［M］.天津：天津大学出版社，2011.

[4] 布思.风景园林设计要素［M］.北京：北京科学技术出版社，2018.

[5] 金煜.园林植物景观设计［M］.沈阳：辽宁科学技术出版社，2015.

[6] 王希亮.园林绿化工任职晋级必读［M］.北京：中国建筑工业出版社，2011.

[7] 李向婷.园林植物造景实训教程［M］.武汉：武汉大学出版社，2016.

[8] 苏雪痕.植物造景［M］.北京：中国林业出版社，1994.

[9] 杨丽琼.园林植物景观设计［M］.北京：机械工业出版社，2017.

[10] 汤晓敏.景观艺术学——景观要素与艺术原理［M］.上海：上海交通大学出版社，2013.

[11] 尹吉光.图解园林植物造景［M］.2版.北京：机械工业出版社，2011.

[12] 何礼华.园林植物造景应用图析［M］.杭州：浙江大学出版社，2017.

[13] 张巧莲.园林植物造景与设计［M］.北京：黄河水利出版社，2011.

[14] 赵世伟.园林植物种植设计与应用［M］.北京：北京出版社，2006.

[15] GB 51192—2016 公园设计规范.